D1873677

Nützliche Irrtümer

Produktive Fehler und sinnvolle Missgeschicke von Kopernikus bis zum Kartoffelchip

Dirk Müller

Ideenbrücke Verlag Braunschweig, 2013
ISBN: 978-3981166552

Inhalt

Einleitung

Irren ist menschlich – das ist eine Binsenweisheit.

Irren ist nützlich – was soll das bitte heißen?

Der erste Satz stimmt offensichtlich. Der zweite nur manchmal. Dennoch ist an ihm mehr Wahres, als man gewöhnlich denkt. Davon handelt dieses Buch: vom im Boden herumirrenden Regenwurm, von im Regenwald herumirrenden Eroberer, vom im Dschungel der Theorien herumirrenden Wissenschaftler. Nicht alle finden am Ende ihr Ziel, manche wissen nicht einmal so recht, wonach sie suchen sollen. Doch alle haben etwas gemeinsam: Am Ende steht irgendein Nutzen für irgendwen – nicht immer für den (Herum)Irrenden selbst, oft für einzelne Gruppen, manchmal jedoch für die gesamte Menschheit.

Die Wahrheit ist oft genug gerühmt worden. Es ist an der Zeit, endlich auch einmal den Irrtum zu loben. Und das ist – anders als bei Erasmus von Rotterdams berühmtem „Lob der Torheit“ – gar nicht immer so ironisch gemeint.

Ich bin nicht der Erste, der sich auf dieses eigenartige Terrain wagt. So veröffentlichte der Berliner Philosoph und Wissenschaftstheoretiker Jürgen Mittelstraß einen Aufsatz mit dem Titel „Vom Nutzen des Irrtums in der Wissenschaft". Ich verdanke ihm wesentliche Anregungen und einige Beispiele. Mir geht es jedoch zum einen um eine möglichst allgemeinverständliche Darstellung. Darüber hinaus möchte ich zeigen, an welch unterschiedlichen Stellen, auch fernab der Wissenschaft, produktive Fehler und Missverständnisse zu finden sind.

Einer chronologischen Ordnung folgt dieses Buch ebenso wenig wie einer Systematik nach Wissensgebieten. Vielmehr setzt es auf einen Mix aus anschaulichen und komplizierteren Themen, ergänzt um einige grundsätzliche Gedanken. Manchmal bewegen wir uns im Krebsgang von einer späteren zu einer früheren Erkenntnis. Das ist beabsichtigt. Wir reisen durch einen Dschungel des Wissens und kreativen Nichtwissens. Unser Kompass sei der Irrtum, seine vielfältigen Auswirkungen die Landkarte.

Nur negative Irrtümer?

Verführerisch funkeln die glatten, schwarzen Kugeln dem erschöpften Anführer Hork im Nachmittagslicht entgegen: dunkel glänzende Früchte an einem üppigen Strauch. Tagelang hatten er und seine Sippe auf ihrer Wanderung zu den neuen Jagdgründen nur knorrige Wurzeln gegessen. Doch nun: ein Festmahl! Er ruft seine Familie zu sich und beginnt, sich so richtig satt zu essen.

Seine Frau Ondu jedoch zögert. Irgendetwas ist ihr unheimlich an dieser unbekannten Frucht – so glänzend und so dunkel zugleich, wie von Geistern verzaubert ... Und diese fünf Blütenblätter rund um jede Frucht, wie Krallen, die jeden packen wollen, der der Pflanze ihre Pracht nimmt ...

Kurze Zeit später windet sich Hork in Fieberkrämpfen, fantasiert von Monstern und Dämonen, die ihn verfolgen. Er fällt in ein Koma, aus dem er nicht mehr erwacht. Die Dosis der Alkaloide in den Früchten der Schwarzen Tollkirsche war tödlich. Seine Familie jedoch sollte überleben – vielleicht gehört sie zu unseren Vorfahren.

Es gibt Irrtümer, die für denjenigen, der sie begeht, ausschließlich negative Wirkung haben: zum Beispiel der Verzehr einer tödlich giftigen Pflanze durch einen Menschen der Steinzeit. Für die Hinterbliebenen des Toten war die missglückte Mahlzeit jedoch schon nicht nur negativ: Zwar verlieren sie einerseits einen Angehörigen. Andererseits sind sie davor gefeit, den gleichen Fehler zu machen – vorausgesetzt, das Gift wirkt schnell genug, um eindeutig zugeordnet werden zu können. Schleichende Vergiftungen hingegen können über Jahrhunderte hinweg unbemerkt bleiben: Schon die alten Römer pflegten ihren Wein mit Bleiacetat (früher wegen seiner Geschmackswirkung Bleizucker genannt) zu „veredeln". Das Gift wirkte so langsam, dass die Ursache nicht erkannt wurde. Noch der Weinliebhaber Ludwig van Beethoven ist vermutlich an einer solchen Bleivergiftung gestorben.

Allerdings müssen wir uns über eines klar sein: Unser heutiges, umfangreiches medizinisches Wissen basiert zu einem nicht geringen Teil auf den oftmals tödlichen negativen Erfahrungen, die unsere Altvorderen gemacht haben. Umgekehrt werden künftige Generationen vermutlich von so manchen Irrtümern profitieren, die wir heute begehen – sofern sie lernfähig bleiben.

Solche Irrtümer sind also für andere nützlich. Der Mensch erzielt dabei Vorteile aus seiner einzigartigen Fähigkeit, kulturelles Wissen über viele Generationen aufzubewahren, zu vererben. Doch die Natur kennt in gewisser Weise ähnliche Techniken, davon später mehr.

Findige Leser haben es übrigens vielleicht bemerkt: In gewisser Weise enthält die Geschichte von Hork einen weiteren Irrtum, sogar einen doppelten, aber einen, der der Irrenden selbst nützt. Denn auch Horks Frau sitzt einem Irrtum auf, dem Glauben, man könne aus Farben und Formen der Natur auf Geister und Dämonen schließen und daraus wiederum, unmittelbar, ohne Prüfung, Gefahren vorhersagen. In diesem einen Fall hat Ondu zwar recht behalten. Insofern ist der Irrtum sehr nützlich, weil er ihr und ihren Kindern das Leben rettet. Wenn Ondu – oder ihre Sippe – jetzt jedoch glauben sollte, sie sei eine Hellseherin, kann das bei anderen Gelegenheiten wiederum zu tödlichen Fehlern führen.

Es sollten schon hinreichend viele Voraussagen zutreffen, und zwar im Verhältnis zur Zahl der gemachten Prognosen, bevor man irgendjemandem besondere Fähigkeiten zuschreibt. Ganz überwiegend richtige Vorhersagen werden in heutiger Zeit von Meteorologen selbstverständlich erwartet, bei Börsen-Gurus jedoch wird dieser Anspruch eigenartigerweise nicht selten vergessen. Da genügt es oftmals schon, einmal einen Crash richtig „prophezeit" (in Wahrheit: glücklich erraten) zu haben, damit einem gierige Anleger fast alles glauben ...

Irren als Programm? Trial and error oder: Was Genies und Regenwürmer gemeinsam haben

Im Jahr 1881 erschien in London ein Buch mit dem Titel *The formation of vegetable mould through the action of worms (Die Bildung der Ackererde durch die Tätigkeit der Würmer)*. Verfasser war niemand Geringerer als der Naturforscher Charles Darwin, zu diesem Zeitpunkt längst weltbekannt durch seine entscheidenden Beiträge zur Evolutionstheorie. Die Arbeit über die Würmer im Erdboden sollte Darwins letztes Werk sein. War es feiner britischer Sinn für Humor, dass der weißbärtige alte Herr sich gegen Ende seines Lebens ausgerechnet mit einer alles andere als spektakulären, „niederen" Spezies wie dem heimischen Regenwurm befasste? Dass er ihnen – übrigens zu Recht – großen Nutzen für die Landwirtschaft und somit für das Überleben der Menschheit zuschrieb? Wie dem auch gewesen sein mag, Darwin wusste vermutlich noch nicht, dass Regenwürmer eine Eigenschaft besitzen, die lange Zeit nur Menschen und wenigen höheren Tieren zugetraut wurde: Sie sind lernfähig.

Der US-amerikanischer Psychologe und Zoologe Robert Yerkes unternahm folgendes Experiment mit Regenwürmern: Er ließ sie durch einen wie ein T geformten Gang vom unteren Ende aus zu dem Querbalken kriechen. Bei einer Wendung nach links musste der bedauerliche Regenwurm zunächst über Sandpapier kriechen und erhielt anschließend einen leichten elektrischen Schlag. Bei der Wendung nach rechts konnte der Wurm das Ziel ohne Schwierigkeiten erreichen. Anfangs wandten sich die Würmer in gleicher Häufigkeit nach rechts oder links. Nach etwa zwanzig bis hundert Experimenten hatten die Kandidaten gelernt, dass sie an der Gabelung nach rechts kriechen müssen, um der unwurmlichen Behandlung im anderen Gang aus dem Weg zu gehen. Dieses Verfahren ist in der Verhaltensforschung als *„trial and error"* oder „Versuch und Irrtum" bekannt geworden. Das Nervensystem des Regenwurms ist ausgereift genug, um eine solche Lernleistung zu vollbringen. Was der Wurm kann, können höher entwickelte Lebewesen im Allgemeinen auch – *noch* höher entwickelte, sollte man sagen, denn Regenwürmer gehören zur großen Gruppe der chronisch unterschätzten Tiere.

Der Wurm verhält sich, so gesehen, nicht anders als der Steinzeitmensch, der irgendwann merkt, dass er von bestimmten Knollen Durchfall bekommt, wenn er sie nicht vorher kocht. Oder als der moderne Mensch, der nach der soundsovielten Steuererhöhung merkt, dass er möglicherweise die falsche Partei gewählt hat. Oder als ein Wissenschaftler, der nach etlichen gescheiterten Experimenten eine radikal neue Theorie entwirft. Je nachdem, wie erfolgreich er bei der Formulierung dieser Theorie ist, kann das durchaus für den Nobelpreis reichen – sogar dann, wenn diese Theorie ihrerseits in Teilen auf irrigen Annahmen basiert. Darum wird es in mehreren Kapiteln gehen, auch in dem zur Relativitätstheorie. Für alles Lernen aus Irrtümern kann gelten: Der Regenwurm hat's vorgemacht, eifern wir ihm nach …

Fehler? Wie lecker! – Kartoffelchips und Blumenkohl

Vielleicht wird in kaum einem anderen Raum so viel geirrt wird wie in der Küche. Was kann man dort nicht alles falsch machen! Nicht korrekt abgemessene Zutaten, die Temperatur zu hoch oder zu niedrig, das falsche Fett, die Hefe im Salz erstickt, mal schnell telefoniert zwischendurch ...

Ganz schlimm kann es werden, wenn pflichtbewusste Köche versuchen, auf vermeintlich „gesunde“ Ernährung zu achten und womöglich gleichzeitig etwas Essbares oder gar Wohlschmeckendes zustande zu bringen. Selbst wenn dieser Spagat mit viel Mühe gelungen sein sollte, kommt einige Jahre später oft die nachträgliche Enttäuschung ... zum Beispiel wenn man erfährt, dass das all die Zeit hindurch wider den eigenen Geschmack verwendete Öl nicht halb so gesund ist wie von sogenannten Experten angenommen und auf allen Kanälen propagiert wurde.

Ist es ob all des Irrens nicht tröstlich, dass es auch im kulinarischen Sektor produktive Irrtümer gibt, vielleicht weit mehr, als stolze Meisterköche zugeben?

Die missratenen Bratkartoffeln

Die Geschichte der Erfindung der Kartoffelchips ist in zwei unterschiedlichen Versionen überliefert.

Nummer eins: Kartoffelchips wurden am 24. August 1853 von George Crum, einem Koch des Hotels Moon Lake Lodge im US-amerikanischen Saratoga Springs, erfunden. Anlass war, dass sich ein schwieriger, aber äußerst zahlungskräftiger Gast – der Großindustrielle Cornelius Vanderbilt – über zu dicke Bratkartoffeln beschwert hatte. Und das nicht nur einmal, sondern wieder und wieder. Als sie schließlich so dünn waren, dass man sie nicht mehr mit der Gabel essen konnte, war der Gast zu Crums Überraschung begeistert. Seine unfreiwillige Kreation wurde daraufhin als „Saratoga Chips" in die Speisekarte aufgenommen, bald in Neuengland und schließlich in der ganzen Welt bekannt. Das Produkt schmeckte nicht nur, sondern war auch ungleich haltbarer als Bratkartoffeln und zudem kalt genießbar. Es dauerte noch Jahrzehnte, bis die maschinelle Produktion der Chips entwickelt wurde, doch die Grundlage war gelegt. Ein gefundenes Fressen, fürwahr, für die Lebensmittelindustrie und den Endverbraucher.

Nummer zwei: „Erfunden“ wurden die knusprigen Kalorienbomben nicht von Crum selbst, sondern von seiner Schwester – gleichfalls unfreiwillig. Die Dame ließ schlicht eine zu dünn geschnittene Kartoffelscheibe versehentlich in heißes Fett fallen. Ein kleiner Fehler für eine Köchin, doch ein großer Sprung für die Menschheit, jedenfalls für den knabbersüchtigen Teil derselben. Crum war vom Ergebnis des Missgeschicks seiner Schwester so begeistert, dass er die Kartoffelchips im Restaurant anbot. Der Rest dieser Version stimmt mit der ersten Fassung überein.

Es darf vermutet werden, dass Crum oder seine Schwester nicht die Ersten waren, welche aus Versehen oder getrieben durch meckernde Tischgäste so etwas Ähnliches wie Kartoffelchips produzierten. Tatsächlich gibt es ein älteres Kochbuch, ebenfalls aus den USA, in dem ein ähnliches Rezept mit dünn geschnittenen Kartoffeln überliefert ist.

Doch Crums Leistung war, aus dem mutmaßlichen Fehler seiner Schwester oder dem Resultat des Vanderbilt-Gemeckers etwas Vermarktungsfähiges zu entwickeln – angefangen mit dem einprägsamen Namen „Chips“. Das klingt doch gleich ganz anders als „dünne Bratkartoffeln“. Und er hatte den Mut, ein Produkt zu servieren, das so trocken war, dass man es nicht mehr auf herkömmliche Weise essen konnte. Vielleicht wurde die Vanderbilt-Variante der Geschichte erfunden, um gelegentlicher Kritik von

Gästen mit konservativen Essgewohnheiten zu begegnen und ihnen die Sache im wörtlichen Sinn schmackhaft zu machen. Erfolgreichen Unternehmern kauft man in den USA so manches ab ...

Es kommt eben darauf an, aus irrigem Handeln die richtigen Schlüsse zu ziehen. Wir werden darauf noch zurückkommen, auch im Einstein-Kapitel.

Käse, Tofu, Wein & Co.

Viele bewährte Lebensmittel sind so alt, dass über ihre Entstehung nur mit mehr oder weniger Glaubwürdigkeit spekuliert werden kann. Jedenfalls ist in all diesen Fällen klar, dass sie nicht von „Food-Designern“ im Labor entwickelt wurden.

Um die Entstehung des aus Ostasien stammenden, auch im Westen zunehmend beliebten Bohnenquarks Tofu ranken sich diverse Legenden. Mal wird die Erfindung einem antiken chinesischen Prinzen zugeschrieben, andere vermuten, in Wahrheit habe man im Reich der Mitte mongolische Rezepte der Milchverarbeitung auf zerquetschte Sojabohnen übertragen. In China gibt es nämlich bis heute einen hohen Anteil an Menschen, die tierische Milch nicht vertragen.

Eine andere Erklärung fügt sich bestens in die Geschichte der produktiven Fehler ein: In China werden scharf gewürzte Suppen gerne mit Sojamilch, einem Brei aus gemahlenen und gekochten Sojabohnen, versetzt. Sie puffert den Geschmack und ist wegen der besagten Unverträglichkeit in China von alters her eine Alternative zur Rindsmilch. (Von Letzterer hielt man im alten China ähnlich wenig wie die meisten Europäer von hundertjährigen Eiern und anderen eigenartigen fernöstlichen Delikatessen.)

Der Tofu wurde demnach entdeckt, weil irgendein Salzschöpfer am Gelben Meer unreine Ware abgeliefert hatte. Dieses Meersalz, vermutet man, habe neben Kochsalz (also Natriumchlorid) in hohen Mengen Calcium- oder Magnesiumverbindungen enthalten. Vielleicht hatte auch ein zwielichtiger Händler das Salz mit Gips (Calciumsulfat) gestreckt. Vielleicht ist die Mischung durch unsaubere Transportbehälter entstanden. Vielleicht hat irgendein Arbeiter in einem Warenlager irrtümlich Gipsmehl für Salz gehalten – es ist ja auch weiß – und in ein Salzfass geschüttet. Wie auch immer: In einer chinesischen Küche soll dieses Gemisch dann bei der Suppenzubereitung mit Sojamilch vermengt worden sein.

Vermutlich verärgert bemerkte nun der Koch, dass das kontaminierte Salz die Sojazubereitung zum Gerinnen brachte. Es entstand ein Gel. Doch der schlaue Koch machte ebenso wie viele Jahrhunderte später Mister Crum aus der Not eine Tugend: Er nahm das Gel aus der Suppe und ließ es in ein Tuch gleiten. Dort tropfte die glibberige Masse ab – der Tofu war erfunden!

Bis heute ist der chinesische Tofu weniger fest als die abendländische Variante, die sich nicht nur bei Vegetariern als Fleischalternative durchzusetzen beginnt. Ist man in China einfach näher am Ursprung des Tofus aus einer missratenen Suppe?

Selbst wenn die Suppentheorie nicht stimmen sollte und die alten Chinesen ebenso erfolgreich bei den Mongolen abgekupfert haben wie einige ihrer Nachfahren bei westlichen Industrieunternehmen, stellt sich die Frage, woher nun wiederum die Mongolen ihre Rezepte her hatten.

Welches Volk oder welche Völker als erste Käse hergestellt haben, ist nicht bekannt, ebenso wenig, von welcher Tierart die Milch stammte. Da jedoch vermutlich Ziegen und auch Schafe vor den Rindern domestiziert wurden, dürfte der heute am weitesten verbreitete Käse der geschichtlich jüngste sein.

Die Milchwirtschaft bedeutete für die Menschen der Steinzeit einen Vorteil im Überlebenskampf. Wo sie sich ausbreitete, sank über die Generationen hinweg der Anteil an Menschen mit Milchunverträglichkeit – wer Milch anderer Arten ohne Verdauungsprobleme zu sich nehmen konnte, hatte bessere Chancen, erwachsen zu werden und sich fortzupflanzen.

Doch ein Problem hatten auch die Milchtrinker: Das Lebensmittel war leicht verderblich. Anders als Getreide konnte man es nicht lange aufbewahren, und natürlich ließ sich Milch nicht wie Fleisch durch Braten oder Räuchern haltbarer machen.

Wahrscheinlich kam den Menschen auch hier wieder einmal ein nützliches Fehlverhalten zugute. Eigentlich hätte Milch stets unverzüglich verbraucht werden müssen. Doch bei den unbedarften Versuchen, das wichtige Lebensmittel länger aufzubewahren, entdeckte man, dass Milch nicht immer einfach nur verdarb und ungenießbar wurde. Es kam auf die Art des „Verderbens“ an. Im günstigen Fall entstand erst Sauermilch, die dann gerann.

Vielleicht entstand die Idee zum Käsen auch beim ungewollten Zusammenrühren mehrerer (scheinbar) verdorbener Lebensmittel zu einer Notmahlzeit: Zu Essig vergällter Wein oder saurer Fruchtsaft lässt Milch ausflocken. Trinken wollten das Zeug wohl schon die Altvorderen nicht. Seiht man jedoch die glibberige Masse durch ein Tuch, entsteht Frischkäse.

Die nächste Stufe kann ebenso aus Versehen entstanden sein: Der Frischkäse ist zwar haltbarer als Milch, fängt aber irgendwann auch zu schimmeln an. Doch mit der Zeit merkten die Menschen, dass Schimmel nicht gleich Schimmel ist, manche Arten schaden nicht. Im Gegenteil, gewisse Schimmelsorten konservieren den Käse und sorgen zudem – wenigstens aus Sicht mancher Leute – für einen besseren Geschmack. Wie viele Menschen sich allerdings mit den falschen Schimmelpilzen oder auf dem Käse wuchernden, unsichtbaren Mikroorganismen vergiftet haben, bis man die richtigen, die Edelschimmelsorten fand, ist nicht bekannt.

Die Käseherstellung mittels Lab, einem Enzym aus Kälbermägen, dürfte hingegen weniger aus Versehen denn durch bewusstes Beobachten entstanden sein. Schon Jägern der Steinzeit musste etwas aufgefallen sein, als sie bestimmte Jungtiere erbeuteten: Hatte das Kalb kurz zuvor noch Muttermilch getrunken, so fanden sich in dessen Magen nicht einfach Milch, sondern weißliche Klumpen – eine Wirkung des Labs. Doch auch bei der Käseherstellung mittels Lab kann der Zufall eine Rolle gespielt haben: Möglicherweise füllten Nomaden Milch zum Transport in Kälbermägen ab. Doch am Ziel angelangt, befand sich statt flüssiger Milch halbfester Käse in den Beuteln.

Noch heute wird Lab aus Kälbermägen zur Käseherstellung eingesetzt. Manche besonders konsequente Vegetarier hält das vom Genuss solchen Käses ab. Indessen werden eigens wegen der Käseherstellung keine Kälber geschlachtet, das Lab ist sehr ergiebig und fällt in mehr als ausreichender Menge bei den Schlachtungen zur Fleischherstellung als Nebenprodukt ab.

Doch auch das Lab ist durch nützliche Irrtümer entstanden, die jedoch nicht auf das Konto von Menschen gehen.

Mehr Küchenlatein: Blumenkohl und was danach kommt

Die erfolgreichsten Irrtümer überhaupt werden von der Natur begangen: Es sind Fehler, die sich bei der Reproduktion der Erbsubstanz Desoxyribonukleinsäure (DNS oder DNA) einschleichen. Die meisten dieser Fehler sind entweder ohne Belang oder von Nachteil, weil sie bei den Nachkommen zu Missbildungen führen. Einige wenige der irrigen Reproduktionen erweisen sich jedoch als Vorteil, weil sie eine verbesserte Anpassung an sich ändernde Umweltbedingungen bedeuten. Solche Fehler sind der Motor der Evolution.

Lange bevor diese Prinzipien durch die moderne Biologie im Gefolge Charles Darwins beschrieben wurden, haben sich einfache Bauern den Mechanismus des natürlichen Irrtums zunutze gemacht: Sie haben gezüchtet. Von der Desoxyribonukleinsäure wussten sie nichts, die informative Substanz mit dem Zungenbrechernamen wurde erst im 20. Jahrhundert beschrieben und als entscheidend für die Vererbung erkannt. Doch die Bauern der Antike und des Mittelalters nutzten das Prinzip der Zuchtwahl: Beobachte, wie sich Nachkommen von der Elterngeneration unterscheiden, erkenne die eventuellen Vorteile der Unterschiede, vermehre diese Exemplare – und so weiter.

Über etliche Generationen entstanden so Kulturpflanzen, die sich äußerlich so stark von den Wildformen unterscheiden, dass sie dem Laien wie selbstverständlich als eigene Art erscheinen. Wer würde schon auf die Idee kommen, den Blumenkohl mit seinen grotesk vergrößerten Blütenständen als Nachfahre des unscheinbaren wilden Kohls *Brassica oleracea* zu sehen?

Mit der Entdeckung der Röntgenstrahlen und der Radioaktivität begann man im 20. Jahrhundert, diese auch für die Pflanzenzucht zu nutzen. Samen werden Röntgen- oder Neutronenstrahlen ausgesetzt, um der Natur Beine zu machen: Die natürliche Fehlerquote, ihrerseits teils durch natürliche Strahlung hervorgerufen, wird künstlich heraufgesetzt. Auch hier gilt: Nur ein sehr kleiner Teil der Mutanten (Nachkommen mit verändertem Erbgut) ist Erfolg versprechend, da die meisten vor allem Defekte zeigen. Die mutierten Pflanzen müssen in der Regel mit vorhandenen Zuchtlinien gekreuzt werden, um die neue, erwünschte Eigenschaft in diese zu übertragen.

Obwohl in der Mutationszüchtung die Erbinformation unkontrollierter verändert wird als mit der Gentechnik, ist sie in der Öffentlichkeit weit weniger bekannt. Sie unterliegt keiner gesetzlichen Regulierung. Das wäre allerdings auch schwer machbar, schließlich arbeitet Mutter Natur, wie wir gesehen haben, nach dem gleichen Prinzip.

Eigentlich ist es erst die heutige Gentechnologie, die die Zuchtwahl (der Natur und der menschlichen Züchter) aus dem bewährten, aber langwierigen Prinzip von Irrtum und Anpassung, Irrtum und Auswahl ein Stück weit herausführt.

Gentechnischer Gentransfer in Pflanzen geschieht zum Beispiel mithilfe des Einzellers *Agrobacterium tumefaciens*. Diese Bakterienart besitzt eine bestimmte, Tumoren auslösende Erbsubstanz. Diese integriert man in das Gen, das in die Pflanze übertragen werden soll. Das *Agrobacterium tumefaciens* kann die Pflanze an Wundstellen infizieren und das Gen in die Pflanzenzelle übertragen.

Eine andere Methode: Die zu übertragende Erbsubstanz wird von Gentechnikern an Goldpartikel gebunden. Dieser Goldstaub wird mit großer Geschwindigkeit auf Pflanzengewebe geschleudert, sodass er in die Zellen eindringen kann, ohne sie zu zerstören. In den Zellen löst sich die an die Partikel gebundene DNS und kann sich in die Erbsubstanz der Pflanzenzelle integrieren. Sage keiner mehr, Gold sei nur „totes Kapital". Heutzutage ist es Geburtshelfer für neue Arten ...

Mit der Gentechnik können so bestimmte Eigenschaften wie Krankheitsresistenzen in Pflanzen übertragen werden. Durch klassische Züchtung, also durch Versuch und Irrtum, wäre das

Gleiche nur sehr langfristig oder gar nicht zu machen.

Doch auch in der je nach Standpunkt mehr oder weniger schönen neuen Welt der Gentechnik ist das alte Prinzip des Irrtums aufbewahrt. Denn auch die absichtlich eingeschleusten Erbinformationen sind ursprünglich durch Fehler bei der natürlichen Reproduktion entstanden. So war es jedenfalls in der ersten Phase der Gentechnologie. Neu ist, dass Gene nun auch gezielt verändert werden. Aber auch hier kann das alte Prinzip von Versuch und Irrtum angewandt werden – vorausgesetzt, dass wir solche Experimente wirklich wollen. Diese Frage ist umstritten und wird es wohl auch bleiben.

Im Wein ist Irrtum

Kehren wir zum Schluss unserer Reise in die Welt der aus Irrungen und Wirrungen entstandenen Lebensmittel noch einmal in frühere Zeiten zurück. Vergorener Traubensaft hat schon die Menschen in der Antike berauscht. Mit dem bis heute beliebten Zitat „*In vino veritas* (Im Wein ist Wahrheit)" beschrieb man die zungenlösende Wirkung des Getränks. Einer altpersischen Legende zufolge verdankt sich die Popularität des Weines hingegen einem lebensrettenden Irrtum:

Es steht geschrieben, dass ein König seine Trauben im Keller lagerte. Diese gärten nach einiger Zeit. Man dachte zuerst, die Trauben seien von bösen Geistern besessen und vergiftet. Des Königs Gattin litt indessen seit Langem an schrecklichen Kopfschmerzen. Eines Tages nahm die Königin von diesem unheimlichen, blubbernden Gebräu, um vor ihrer Migräne in den Freitod zu fliehen. Doch wurde sie nicht nur von ihren Kopfschmerzen befreit, sondern zudem in frohe Stimmung versetzt. So wurde der Wein zum Nationalgetränk des Königreichs.

Der Wahrheitsgehalt der Legende dürfte sich im eher niedrigprozentigen Bereich bewegen. Doch kann man getrost annehmen, dass Wein, ähnlich wie Käse und Tofu, durch Zufall und Versehen entdeckt wurde. Alkohol entsteht in der Natur durch den Stoffwechsel von Hefen. Fallobst kann ohne menschliches Zutun vergären. Man hat Gruppen von frei lebenden Affen beobachtet, die offensichtlich absichtlich solche vergorenen Früchte essen, um sich zu berauschen. Ähnlich zufällig hat es wahrscheinlich beim Menschen begonnen.

Für die Aktivität der Hefepilze, die die ganze Trinkerei ermöglicht, gilt natürlich das Gleiche wie für die Lab produzierenden Kälbermägen und alle nützlichen biologischen Erscheinungen: Sie sind Produkte der Evolution und somit letztlich von Fehlern bei der Vererbung.

Natürlich mag sein, dass die Legende von der weinliebenden Königin das Trinken mit seinen leider oft gar nicht nützlichen gesundheitlichen Folgen beschönigt – ein antiker PR-Coup eines Weinhändlers? Sollte die Story verschleiern, dass sein Gebräu Kopfschmerzen eher verursacht als bekämpft? Auf die Hefe sollten wir es aber jedenfalls nicht schieben. Der verdanken wir auch lockeres Brot und Gebäck. Dagegen kann man wirklich nichts einwenden.

Kopernikus oder: eine rundere Rundung

Nikolaus Kopernikus hat bekanntlich einen alten Irrtum korrigiert, den Glauben, die Sonne drehe sich um die Erde.

Weniger bekannt ist, dass Kopernikus' Entwicklung seiner heliozentrischen Theorie ganz wesentlich auf einem anderen Irrtum beruht, dem Glauben, die Planetenbahnen seien richtig schön *rund.*

Sein Hauptwerk „De revolutionibus orbium coelestium" („Über die Kreisbewegung der Himmelskörper") beginnt mit begeisterten Worten:

Unter den vielen verschiedenen Studien der Wissenschaften und Künste, durch welche sich der Menschengeist entwickelt, halte ich diejenigen vorzüglich für wert, ergriffen und mit dem höchsten Eifer betrieben zu werden, welche sich mit den schönsten und wissenswürdigsten Gegenständen beschäftigen. Diese sind nun diejenigen, welche von den himmlischen Kreisbewegungen der Welt, dem Laufe der Gestirne, den Größen und Entfernungen, dem Auf- und Untergange und den Ursachen der übrigen Himmelserscheinungen handeln, und endlich die gesamte Form entwickeln. Was aber ist schöner als der Himmel, welcher ja alles Schöne enthält? Die lateinischen Namen selbst – caelum der Himmel und mundus die Welt – deuten dies schon an, dieser durch die Bezeichnung der Reinheit und des Schmuckes, jener durch die Bedeutung des kunstreich Gestalteten. Wegen seiner sichtlichen, übergroßen Herrlichkeit nannten ihn die meisten Philosophen: Gott.

Dieses Vorwort war in der Erstausgabe (Nürnberg 1543) nicht enthalten, der Herausgeber, der protestantische Theologe Osiander, hatte es durch ein eigenes ersetzt.

Es fällt auf, dass Kopernikus primär *ästhetisch* argumentiert. Mehrfach ist vom Schönen die Rede, schließlich gipfelt die Vorstellung des Schönen in der Herrlichkeit Gottes.

Das ästhetische Prinzip ist jedoch keineswegs auf die Vorrede beschränkt. Gleich im ersten Kapitel geht es weiter:

Zuerst müssen wir bemerken, dass die Welt kugelförmig ist, teils weil diese Form, als die vollendete, keiner Fuge bedürftige Ganzheit, die vollkommenste von allen ist, ...

Wer ein wenig über moderne Physik und Astronomie weiß, mag über Kopernikus verwundert sein. Statt Formeln und Berechnungen Spekulationen eines Ästheten? Sicher, nicht das gesamte Werk ist so geschrieben. Es folgen detaillierte Tafeln mit gewissenhaft über Jahre hinweg aufgezeichneten, exakten astronomischen Daten, scharfsinnige Naturbeobachtungen, geometrische Abhandlungen.

Doch das letztlich ästhetisch begründete Prinzip des Runden und Kreisförmigen bleibt im gesamten Werk bestehen. Um das zu verstehen, müssen wir etwas weiter ausholen.

Kopernikus war keineswegs der Erste, der auf die Idee kam, dass sich die Erde nicht im Zentrum des Universums befindet. Bereits in der Antike wurden drei Modelle erörtert: die Erde als Mittelpunkt, die Sonne oder ein spekulatives „Zentralfeuer".

Der griechische Astronom Ptolemäus legte, basierend auf den Arbeiten Hipparchos' von Nicäa, das aus Sicht seiner Zeitgenossen überzeugendste Modell vor. Es war geozentrisch, hatte also die Erde im Zentrum. Das Weltbild des Ptolemäus war nicht etwa nur deswegen so erfolgreich, weil es der naiven Weltsicht entspricht, sondern weil es sehr zuverlässige Vorhersagen der Planetenbewegungen und auch von Sonnen- und Mondfinsternissen erlaubte. Um es noch deutlicher zu sagen: Was die Exaktheit der Prognosen anbelangt, waren Ptolemäus und seine Nachfolger Kopernikus überlegen.

Ptolemäus' Modell hatte jedoch auch gewisse Nachteile. Ebenso wie Jahrhunderte später Kopernikus, ging Ptolemäus grundsätzlich davon aus, dass sich die Planeten kreisförmig auf idealen Kugeln (aus Kristall) bewegten. Darin folgte er letztlich

Aristoteles. Um diese Theorie mit den Beobachtungen am Nachthimmel in Einklang zu bringen, musste er jedoch umständliche, sekundäre Kreisbewegungen, die Epizyklen, verwenden, und sogar eine dritte Stufe, Epizyklen von Epizyklen, einbauen. Auch befand sich die Erde dem Modell zufolge zwar *inmitten* der Planetenkreise, doch nicht in deren exakter, *mathematischer* Mitte.

Zusammengenommen ergab das zwar ein ziemlich genaues Vorhersagemodell, eine runde Sache im wörtlichen Sinn war es jedoch nicht – eher ein buntes Ringelreihen. Das war dem Ästheten Kopernikus ein Dorn im Auge. Mit dem Wiederaufgreifen des antiken heliozentrischen Gegenmodells konnte er die scheinbaren Schleifen in den von der Erde aus beobachteten Planetenbewegungen durch die Eigenbewegungen der Erde erklären. Damit wären, so sollte man meinen – und so hoffte sehr wahrscheinlich auch Kopernikus! – die Schwierigkeiten beseitigt, und den ganzen Epizyklentanz könnte man vergessen.

Doch dem war nicht so. Kopernikus gelang es zwar, die Zahl der Epizyklen zu verringern, doch ganz verzichten konnte er auf sie auch nicht. Diese praktischen Schwierigkeiten des ästhetischen Perfektionisten waren höchstwahrscheinlich ein wesentlicher Grund dafür, dass Kopernikus seine Theorie bis kurz vor seinem Tode nicht veröffentlichte und nur wenigen Personen anvertraute.

Unter diesen wenigen befand sich übrigens auch der amtierende Papst, der durchaus wohlwollend reagierte. Die ablehnende Haltung der katholischen Kirche kristallisierte sich erst Jahre nach Kopernikus' Tod, in der Auseinandersetzung mit Galilei, heraus. Zu diesem Zeitpunkt hatten die protestantischen Theologen Luther und Melanchton ihre Ablehnung der kopernikanischen Lehre bereits formuliert.

Die Lösung für das Epizyklenproblem fand erst Johannes Kepler – und zwar, indem er die Doktrin der idealen Kreisbewegung über den Haufen warf! Er erkannte, dass sich die Bewegungen der Planeten schlüssig erklären ließen, wenn man ihre Bahnen als *Ellipsen* beschrieb. Damit war der Epizyklentanz vorbei – jedoch auch das grandiose Bild von den idealen Kristallkugeln, auf denen sich die Planeten bewegen sollten.

Hätte man an den Kristallkörpern festgehalten, wäre eher von „Kristalleiern" zu sprechen gewesen. Das wollte keiner.

Und dennoch bleibt festzuhalten: Hätte Kopernikus nicht an dem ästhetischen Idealbild der vollkommenen Kugeln und Kreisbahnen festgehalten, wäre er wahrscheinlich nie auf seine erneuerte heliozentrische Theorie gekommen. Die große kopernikanische Wende wäre ausgeblieben. Doch es kam, wie es kam. Der Irrtum vom idealen Kreis hatte seinen Nutzen erwiesen.

Goethe schrieb im Rückblick:

Doch unter allen Entdeckungen und Überzeugungen möchte nichts eine größere Wirkung auf den menschlichen Geist hervorgebracht haben als die Lehre des Kopernikus. Kaum war die Welt als rund anerkannt und in sich selbst abgeschlossen, so sollte sie auf das ungeheure Vorrecht Verzicht tun, der Mittelpunkt des Weltalls zu sein. Vielleicht ist noch nie eine größere Forderung an die Menschheit geschehen: denn was ging nicht alles durch diese Anerkennung in Dunst und Rauch auf: ein zweites Paradies, eine Welt der Unschuld, Dichtkunst und Frömmigkeit, das Zeugnis der Sinne, die Überzeugung eines poetisch-religiösen Glaubens, kein Wunder, daß man dies alles nicht wollte fahren lassen, daß man sich auf alle Weise einer solchen Lehre entgegensetzte, die denjenigen, der sie annahm, zu einer bisher unbekannten, ja ungeahnten Denkfreiheit und Großheit der Gesinnungen berechtigte und aufforderte.

Ob all das wirklich die Folge der später so genannten „Kopernikanischen Wende" war, ist jedoch gar nicht so klar. Kopernikus' Ideen gehen schließlich auf eine seit Jahrhunderten bekannte Theorie zurück, auch wurde seine Veröffentlichung etwa hundert Jahre lang wenig beachtet. Doch die langfristigen Folgen der Erneuerung der Naturwissenschaften, die letztlich auf Kopernikus zurückgeht, sind unbestritten.

Die im Titel des Kapitels genannte „rundere Rundung“ ist übrigens ein Zitat von Theodor Fontane. Der märkische Dichter begründete damit, warum er in den Realitätsgehalt einer Geschichte aus ästhetischen Gründen eingriff. Was Fontane als Künstler bewusst tat, hat auch Kopernikus in gewisser Weise geleistet, indem er irrtümlich nach der perfekten Kreisbewegung suchte. Ergebnis war keine Dichtung, sondern eine wissenschaftliche Revolution.

… und Kepler

… ja, Johannes Kepler auch. Derselbe Kepler, der mit seinem Ellipsenargument Kopernikus korrigierte und seiner Theorie zugleich erst zum Durchbruch verhalf. Auch er hat geirrt, und zwar nicht nur in Detailfragen, sondern im ganzen Ansatz.

Kepler begann seine Karriere als Astronom mit einer Art Erweckungserlebnis. Bei einer Vorlesung in Geometrie zeichnete er ein gleichseitiges Dreieck in einen Kreis, in dieses Dreieck wiederum einen weiteren, inneren Kreis. Auf manche Studenten mag die Tafelmalerei des Herrn Professors wie ein Mandala zur Verstärkung des gewohnten Tiefschlafs während der Vorlesung gewirkt haben; auf diesen Schlaf haben Studenten schließlich seit jeher ein Anrecht. Nicht so auf Kepler selbst.

Plötzlich kam ihm der Gedanke, dass die beiden Kreise in ihrem Verhältnis den Bahnen von Jupiter und Saturn erstaunlich ähnlich waren. Kepler hatte sich seit Längerem für die Theorie des Kopernikus interessiert. Nun stellte er selbst die These auf, alle Planeten verliefen so um die Sonne, dass zwischen ihren Bahnen regelmäßige Vielecke genau Platz fänden.

Kepler war ein begabter Mathematiker und zugleich ein tief religiöser Mensch. Er glaubte, mit seiner These den Plan des Schöpfers beim Bau des Universums erkannt zu haben.

Die Verbindung von Mathematik, Astronomie und Religion hatte Menschen seit jeher in ihren Bann gezogen. Stonehenge ist davon ebenso Zeugnis wie die Himmelsscheibe von Nebra und die Pyramiden. Auch Kepler stand letztlich in dieser Tradition.

Sein gesamtes Leben widmete Kepler fortan dem Versuch, seine These zu rechtfertigen. „Tag und Nacht nahm ich in Anspruch, weil ich sehen wollte, ob diese Idee mit den kopernikanischen Bahnen in Einklang stand oder ob meine Freude vom Wind verweht würde."

Als es mit den Drei- und Mehr-Ecken nicht klappen wollte, wich Kepler auf dreidimensionale Objekte, auf Polyeder, aus. So konnte er die Bahnen der Planeten recht genau beschreiben. Er veröffentlichte seine Theorie in dem Werk „Das Weltgeheimnis" („Mysterium cosmographicum").

Doch den letzten Beweis blieb Kepler schuldig – kein Wunder, denn die These war falsch. Die Polyeder Keplers sind etwa vergleichbar mit den Näherungs-„Lösungen" für die Quadratur des Kreises: Knapp vorbei ist auch daneben.

Stephen Hawking schrieb über das Werk: „Doch obwohl die Prämisse im ‚Weltgeheimnis' falsch ist, erscheinen Keplers Schlussfolgerungen auch heute noch erstaunlich genau und bahnbrechend – sie haben den Lauf der modernen Naturwissenschaften entscheidend geprägt."

Galileo Galilei, bekanntlich ebenfalls ein Verfechter des heliozentrischen Weltbilds, hielt wenig vom „Weltgeheimnis"; der dänische Astronom Tycho Brahe, der einen Kompromiss zwischen den Systemen vertrat, zeigte sich interessiert. Erst in dessen Diensten stellte Kepler fest, dass der Mars sich auf einer elliptischen Bahn bewegt – vorausgesetzt, der rote Planet kreist, Pardon, eiert um die Sonne, nicht die Erde.

Eine Ellipse ist – so könnte man es einem Kind erklären – ein Ring (Kreis), der in eine rechteckige Schachtel gequetscht wurde. So kam Kepler doch noch zur erhofften Beziehung zwischen „Beinahe-Kreis" (Planetenbahn) und Vieleck. Das mag – in dieser simplen Form dargestellt – geradezu kindlich klingen, doch es stimmte mit den sehr genauen Beobachtungen Keplers überein.

So gelangte Kepler zu seinem berühmten ersten Gesetz: „Planeten bewegen sich auf elliptischen Bahnen, in deren einem Brennpunkt die Sonne steht." (Ein Kreis hat einen Mittelpunkt, Ellipsen haben zwei Brennpunkte.)

Entscheidend für den Durchbruch war die Anwendung mathematischer Konzepte. Kepler war der Überzeugung, Gottes logischen Plan entschlüsselt zu haben. In seiner „Weltharmonik" („Harmonices mundi") formuliert er aus tiefster Überzeugung: „Die Würfel sind gefallen, und ich schreibe das Buch, um entweder jetzt oder von der Nachwelt gelesen zu werden, das spielt keine Rolle."

Nun, er wurde gelesen. Auch von Isaac Newton, der auf Keplers mathematischen Grundlagen sein Gravitationsgesetz entwickelte. Ausschlaggebend war der deutsche Astronom mit seinen Ellipsen mindestens ebenso wie der legendäre Apfel, der Newton vor den Fuß (oder je nach Version der Anekdote) auf den Kopf gefallen sein soll.

Amerika entdecken mit Aristoteles

Wirklich einflussreiche Denker zeichnen sich dadurch aus, dass selbst ihre Irrtümer wichtig sein oder werden können – manchmal noch viele Jahrhunderte später.

Zu diesen im doppelten Sinne großen Irrenden zählt zweifellos Aristoteles. Er prägte mit seinen Arbeiten die europäische und nahöstliche Wissenslandschaft bis in die Neuzeit hinein (und im Grunde trotz aller Widerlegungen im Einzelnen bis heute).

Der griechische Jahrtausenddenker hat in vielem geirrt. Das Meiste konnte man zu seiner Zeit auch mit der größten Verstandesschärfe kaum besser wissen, weil das nötige Vorwissen oder die technischen Hilfen fehlten. An manchen Stellen könnte man freilich aus der bequemen heutigen Perspektive denken: Da hätte er drauf kommen können ...

Ein Beispiel ist sein Versuch, das Gewicht der Luft festzustellen. Aristoteles nahm einen prall mit Luft gefüllten Beutel, stellte ihn auf eine für die damalige Zeit präzise Waage; ließ dann die Luft aus dem Beutel heraus und wog erneut. Mit genau gleichem Ergebnis. Folglich, schloss er, müsse Luft schwerelos sein.

Das falsche Ergebnis war keine Folge ungenügender Messgenauigkeit des antiken Instruments. Der natürliche Luftdruck sorgte dafür, dass beide Messwerte gleich ausfielen. Diese Gesetze wurden erst Jahrhunderte später entdeckt, doch eine einfache Parallele hätte auch schon im antiken Athen klargestellt, dass der Versuchsaufbau ungenügend war. Würde man nämlich versuchen, das Gewicht des Wassers festzustellen, indem man einen wassergefüllten Beutel auf eine unter Wasser befindliche Waage stellt, wäre das Ergebnis nach Leeren des Beutels ebenfalls konstant geblieben. Hätte sich die Schule von Athen ebenso intensiv mit exakten Naturwissenschaften befasst wie mit Philosophie, wäre vermutlich einer darauf gekommen.

Ein anderer, folgenreicher Irrtum unterlief Aristoteles bei seinem Versuch, das Verhältnis zwischen dem Umfang der Erde und den Landmassen zu bestimmen. Diesmal stolperte er unter anderem über das ungenügende Kartenmaterial seiner Zeit.

Dass die Erde eine Kugel sei, war eine der antiken Gelehrtenwelt durchaus geläufige Vorstellung. Aristoteles kommt das Verdienst zu, die Hypothese mit mehreren Überlegungen gestützt zu haben. Auch stellte er eine praxisorientierte Konsequenz der Kugelform heraus, die uns heute selbstverständlich erscheint, aber erst einmal gedacht und formuliert werden musste: dass es möglich sei, in den Osten zu gelangen, indem man gen Westen segelte.

Bei der praktischen Frage, wie lange eine solche Reise dauern würde, verschätzte sich der Philosoph jedoch grob. Zum einen kannte man noch nicht den Erdumfang; die erste brauchbare Messung gelang Eratosthenes erst Generationen später, um 240 v. Chr. Er verglich die Winkel des Sonnenhöchststandes in Ägypten zwischen Alexandria und Syene (dem heutigen Assuan). Sie unterschieden sich um ein 50stel des Vollkreises – wie ein Stück eines von einem überbeanspruchten Gastgeber in 50 gleiche Teile geschnittenen Kuchens. Aus dem „Tortenabschnitt" konnte er auf die „Gesamttorte" hochrechnen: So ergab sich als Erdumfang das 50-Fache der Entfernung von Alexandria nach Assuan, nach heutigen Einheiten also 835 km mal 50 gleich 41.750 km. Eine schon ziemlich gute Näherung an den mit heutigen Methoden gemessenen Wert von 40.074 km (am Äquator).

Doch so weit war Aristoteles noch nicht. Zudem hatte er nur die sehr unvollständigen und ungenauen Karten seiner Zeit zur Verfügung. Das Problem war nicht eigentlich, dass man von Amerika nichts wusste. Chinas Existenz hingegen war nämlich durchaus ungefähr bekannt, es gab bereits Handelsbeziehungen, wenn auch keine direkten. Doch die Distanz zwischen Europa und den Reichen im Osten konnte man noch nicht exakt einschätzen.

Aristoteles vertrat die Ansicht, dass man, wenn man per Schiff Richtung Westen die Säulen des Herkules (Gibraltar) hinter sich ließ, binnen weniger Tage den Fernen Osten erreichen könne. Die Probe aufs Exempel machte keiner, Aristoteles' Philosophie war – außer in der Politik – nicht gerade praxisorientiert.

Ptolemäus gelang mehr als 400 Jahre nach Aristoteles eine realistischere Einschätzung des Verhältnisses von damals bekannter Erdmasse und Erdumfang: ein Verhältnis von 1:2. Die Reise Richtung Westen würde über See also ebenso weit sein wie Richtung Osten über Land – ohne Möglichkeit, zwischenzeitlich Frischwasser (außer Regen) oder Proviant an Bord zu nehmen.

Über den westlichen Ozean jenseits Gibraltars wusste man vor allem, dass er groß war. Man hätte blind darauf spekulieren müssen, unterwegs zufällig auf vielleicht irgendwo vorhandene Inseln zu treffen. Man hatte gerade mal – mehr Mythos als exaktes Wissen – von der Inselgruppe, die man heute die Kanaren nennt, gehört, doch das wäre niemals eine ausreichende Zwischenstation gewesen.

Die von Ptolemäus errechnete Distanz war mit damaligen nautischen Mitteln praktisch unüberwindbar. Nicht zuletzt wäre ein solches Projekt – wenn es denn Verwegene gegeben hätte, die das Wahnsinnsvorhaben auf sich nähmen – wirtschaftlich nicht sinnvoll gewesen.

Doch der alte Aristoteles galt das gesamte Mittelalter hindurch als Muster der Gelehrsamkeit. Und so blieb es nicht aus, dass der kühne Gedanke wieder auftauchte.

Der französische Theologe, Kardinal und Astrologe Pierre d'Ailly veröffentlichte 1410 ein geographisches Werk namens „Imago mundi“. Der Autor lebte während der Zeit der Kirchenspaltung mit ihren Gegenpäpsten in Avignon. Als Theologe bemühte er sich um die Beendigung des Schismas. Auch bei dem Prozess gegen den tschechischen Theologen Jan Hus auf dem Konstanzer Konzil, der mit der Verurteilung Hus’ zum Tod auf dem Scheiterhaufen endete, spielte er eine Rolle.

Was seine Tätigkeit als Geograph betrifft, müsste man d’Ailly nach heutigen Maßstäben eher als Dilettanten bezeichnen. Doch im Mittelalter war diese Wissenschaft weitgehend in Vergessenheit geraten, so gesehen leistete der Franzose Pionierarbeit im Erinnern an verschüttetes Wissen.

Zudem galten in dieser Zeit generell andere Kriterien: insbesondere die Berufung auf die richtigen Autoritäten. Neben Plinius dem Älteren, Ptolemäus, dem Kirchenvater Augustinus sowie den arabischen Gelehrten Averroes und Avicenna war dies auch wieder einmal Aristoteles. D’Ailly arbeitete die Unterschiede zwischen den verschiedenen Autoren heraus, näherte sich aber gegenüber Ptolemäus wieder dem älteren, in geographischen Dingen naiveren Aristoteles an.

Dabei dürfte eine Rolle gespielt haben, dass Aristoteles dem Theologen d’Ailly aufgrund seiner Hauptbeschäftigung, umfangreichen theologisch-philosophischen Arbeiten, bestens vertraut war – eine wahre Autorität, auf die man sich im Zweifelsfall doch verlassen, die man keineswegs ignorieren konnte! D’Ailly kalkulierte, besser: spekulierte in Anlehnung an Aristoteles und entgegen Ptolemäus, die Landmasse nehme deutlich mehr als die Hälfte des Erdumfangs ein. Entsprechend kürzer wäre also der Westweg nach Asien.

Das nun wollte ein gewisser Genueser Kaufmann namens Cristoforo Colombo gerne glauben – einer der folgenreichsten Irrtümer der Weltgeschichte.

Für Ptolemäus waren von den 360 Grad des Erdumfangs 180° unbekannt, d'Ailly vermutete, es seien nur 135° – bei 225° Landmasse. Tatsächlich ist es nahezu andersherum: etwa 130° europäisch-asiatische Landmasse, 250° Entfernung von Portugal in westlicher Richtung bis Ostasien.

Besagter Colombo, besser bekannt als Christoph Kolumbus, übernahm jedoch d'Aillys Auffassung; er war im Besitz einer handschriftlichen Kopie des „Imago mundi".

Noch dazu verkalkulierte sich Kolumbus bei der Entfernung zwischen den Breitengraden. In höheren Breiten ist der west-östlich gemessene Erdumfang natürlich geringer (am Nordpol sinkt er auf null). Colombo überschätzte diesen Kürzungsfaktor. Ferner waren die Kanarischen Inseln sowie die Azoren wiederentdeckt und kolonisiert worden. So kam Kolumbus auf eine Distanz von nach heutiger Maßeinheit 4500 Kilometern zwischen den Kanaren und

„Cipango“ (Japan). Tatsächlich sind es mehr als viermal so viel: 20 000 Kilometer.

Es ist eine spannende, nicht mit Sicherheit zu klärende Frage, warum Kolumbus so spekulativ dachte und handelte. Eine selbst sehr spekulative Theorie, sie stammt von Simon Wiesenthal, besagt, dass der Genueser in Wirklichkeit jüdischer Abstammung gewesen sei und diese Herkunft aus Angst vor Repression erfolgreich verschleiert habe. Kolumbus' riskante Pläne stünden somit im Zusammenhang mit den fast zeitgleich stattfindenden Judenverfolgungen in Spanien und anderen europäischen Ländern. Und Geldgeber seien in Wahrheit nicht die spanische Krone, sondern (zum Christentum zwangskonvertierte) jüdische Kaufleute gewesen. War Kolumbus etwa gar gewissermaßen der erste Zionist? Wägte er das Risiko der großen Westfahrt ab gegen die Furcht, als Opfer der Inquisition auf dem Scheiterhaufen zu enden? Sonderlich wahrscheinlich ist Wiesenthals Spekulation nicht, sein Buch zu diesem Thema enthält nachweislich wesentliche (nicht nützliche) Irrtümer. Für seine Theorie spricht lediglich die Gleichzeitigkeit der Ereignisse – Reise und Judenverfolgung – sowie der Umstand, dass der Genueser, wie sein Sohn berichtet, tatsächlich von seiner Herkunft nichts erzählen wollte. Doch warum hätte ein unfreiwillig konvertierter Jude kurz vor seinem Tod ein Werk wie das „Buch der Prophezeiungen“ veröffentlichen sollen, in dem er fordert, das Christentum auf der ganzen Welt zu verbreiten?

Eine plausiblere Erklärung für Kolumbus gewagten Plan ist, dass Kolumbus die irrige Spekulation d'Aillys und Aristoteles' mit sehr realen Beobachtungen verband. Er hatte den westlichen Ozean selbst befahren, sein Sohn war auf Porto Santo, einer kleineren Insel der Madeira-Gruppe, geboren. Dort waren unbekannte, anscheinend bearbeitete Hölzer angespült worden. Kamen sie aus Asien? Sogar von seltsamen Wasserleichen wurde erzählt – ertrunkene Fischer aus Cipango?

Vielleicht hatte der in Europa schon weitgereiste Kolumbus auch von den Wikinger-Sagas und ihren (heute als im Kern wahr erwiesenen) Berichten vom westlich des Nordmeeres gelegenen „Vinland" gehört? Vermengte er d'Aillys Theorie gar mit dem im Mittelalter beliebten, sagenhaften Bericht von der Seereise des irischen Heiligen Brendan? Dort wird erzählt von der „Terra Repromissionis", einer „verheißenen" Insel im Westen. Diese Brendaninsel war immerhin in mehreren mittelalterlichen Karten verzeichnet.

Dieses Gemenge aus Legenden, Spekulationen, Informationen und Irrtümern verband Kolumbus zu einem Mosaik, das den Seeweg nach Asien verhieß. Die Triebfeder war letztlich ökonomischer Art. Durch den Aufstieg der Osmanen war der Handel mit Asien per Landweg schlicht zu teuer geworden, die Westroute versprach hohe Gewinne durch das Ausschalten der

Zwischenhändler.

Sicher ist indessen, dass Kolumbus bis zu seinem Tod den Irrtum mit der Entfernung nicht als solchen erkannte; er glaubte, Inseln direkt vor der ostasiatischen Küste gefunden zu haben. Damals bezeichnete man oft ganz Ostasien pauschal als Indien. Bis heute zeugen die Bezeichnungen Indianer/Indios und Westindische (tatsächlich: Karibische) Inseln von dem alten Irrtum. (Die ersten beiden Begriffe sind seit jeher geographisch, heute auch politisch nicht mehr korrekt.)

Die Fragwürdigkeit der Spekulation des Christoph Kolumbus wurde von zeitgenössischen Fachleuten durchaus erkannt. Vermutlich ließ ihn die portugiesische Krone mit seinem Vorhaben abblitzen, weil die kundigen Hofgeographen und -astronomen die Reise westwärts nach Asien für unrealistisch hielten.

Erst in Spanien, das gerade Granada von den Mauren zurückerobert hatte, zeigte man sich aufgeschlossener. Ironischerweise führte letztlich gerade die eigentlich berechtigte Skepsis der Portugiesen dazu, dass Spanien Portugal als führende Kolonialmacht ablösen sollte.

Nach der Rückkehr von seiner ersten Reise erklärte Kolumbus in seinem Bericht gegenüber der spanischen Krone, er habe Asien (tatsächlich: Kuba) und eine Insel an der Küste von China (tatsächlich: Hispaniola/Haiti) entdeckt. Er versprach der Majestät vollmundig, er könne „so viel Geld, wie Ihr braucht“ – und „so viele Sklaven, wie Ihr nachfragt“ aus diesen Gebieten mitbringen. Damit zeigt sich schon, welch düsteres Schicksal den Entdeckten bevorstand. Die Haltung der spanischen Krone war zwar zwiespältig – man wollte Geld und Macht, aber auch christliche Untertanen gewinnen.

Doch das Unheil nahm seinen Lauf. Durch Versklavung und eingeschleppte Krankheiten schrumpfte die eingeborene Bevölkerung Haitis rasch. Kolumbus’ von dem europäischen Großdenker Aristoteles ererbter Irrtum über die Entfernung „Indiens“ war in aller Regel nur für Europäer nützlich. So verhält es sich auch mit unserem nächsten Irrtum.

El Dorado: die Fata Morgana der Gier

Unter den nützlichen Irrtümern gibt es eine sehr große Gruppe an Trivialfällen. Gemeint sind solche falschen Annahmen, die nur dem Gegner des Irrenden nützen. An Beispielen herrscht kein Mangel: Der Feldherr, der die Widerstandskraft des Feindes unterschätzt, die Politikerin, die im Wahlkampf auf die falschen Themen setzt, der Fußballtrainer, der nach der Führung zu früh auf Ergebnisverwaltung setzt, der Schachspieler, der voll Zuversicht gegnerische Bauern schlägt, während sein Gegenüber die Kombination zum Matt vorbereitet.

Um solche offenkundigen Fälle soll es uns nicht gehen. Dieses Buch befasst sich mit Irrtümern, die entweder dem Irrenden selbst nützen oder Leuten, die nicht zu den Gegnern des Irrenden gehören. Zur letztgenannten Gruppe von Irrtümern kann man den Glauben an das sagenhafte Goldland El Dorado zählen.

Wir reden hier über Leute, die – anders als Kopernikus oder Einstein – höchst zweifelhaften Ruhm erworben haben; schon nach den Kriterien ihrer Zeit, weit mehr noch aus heutiger Sicht. Es waren habgierige Glücksritter, die im wörtlichen Sinn über Leichen gingen und nicht selten selbst den Tod fanden. Bezeichnet man ihren Irrtum als nützlich, so muss man dies aus großer kritischer Distanz tun. Dennoch: Ihr Irrtum war für die einen schädlich, für andere jedoch durchaus *auch* nützlich – für die spanische Krone und indirekt für viele Europäer, auch Deutsche.

Die Suche nach dem legendären Goldland El Dorado war eine der wesentlichen Triebfedern für die europäische Eroberung Südamerikas. Die Erzählungen vom Goldland veranlassten Regierungen und private Investoren wie die süddeutschen Handelshäuser der Fugger und Welser, viel Geld in Expeditionen und bewaffnete Eroberungszüge zu investieren. Letztlich waren sie alle im Kern erfolglos, nirgends in Südamerika gab es eine goldene Stadt oder gar eine Gruppe goldener Städte, die El Dorado bilden könnten. Für die spanische Krone lohnte sich die Investition dennoch indirekt, fand man doch genügend andere Wege, um aus den Kolonien Kapital zu schlagen. Die vielen Expeditionen hatten ihren Teil dazu beigetragen, den Kontinent zu erkunden und zu unterwerfen.

Die Suche war alles andere als harmlos. Die Malaria und andere Tropenkrankheiten rafften die Abenteurer reihenweise dahin. Flache Gräber säumten die Pfade durch den Urwald. Manchmal, so berichtet ein Schreiber, gelang es nicht mehr, die im Todeskampf erstarrten Hände zu beugen, sodass sie aus dem Boden hervorragten, als wollten sie ihren Kameraden zuwinken …

Die eigentlichen El-Dorado-Expeditionen erschlossen vor allem den nördlichen Teil Südamerikas, Kolumbien und Venezuela.

Die Ausbeute war dürftig. Man fand schließlich wenigstens jenen mythologisch überhöhten See Guatavita. Dort waren der Legende zufolge einst mit Goldstaub bedeckte Könige baden gegangen.

Der kleine Bergsee liegt nordöstlich der heutigen kolumbianischen Hauptstadt Bogotá in über 3000 Metern Höhe. Auf dem Grund des Sees wurden tatsächlich goldene Kunstwerke gefunden, jedoch bei Weitem nicht so viele, wie aufgrund der wild wuchernden Legenden erhofft worden war:

Um 1545 nutzten zwei Spanier die Trockenzeit und versuchten außerdem, das Wasser abzuschöpfen. Sie fanden immerhin einige Goldgegenstände. Eine Generation später versuchte ein Kaufmann namens de Sepúlveda, den See trockenzulegen. Mit der Arbeitskraft mehrerer tausend Indios wollte er das Wasser ableiten, doch stürzten die Wände des tiefen Grabens ein und begruben Hunderte der indianischen Arbeiter. Das bedeutete das Ende des Projekts. Sepúlveda entdeckte einige goldene Scheiben, Symbole von Gottheiten und Smaragde.

Aufgrund der besseren technischen Möglichkeiten des Industriezeitalters gelang es dem britischen Unternehmer Hartley Knowles Ende des 19. Jahrhunderts, mit einem Tunnel das Wasser abzulassen. Doch der freigelegte Seeboden war mit einer meterdicken Schlammschicht bedeckt, die kaum zu betreten war. Man versuchte, den Schlamm mit Schaufeln zu beseitigen, doch die

Sonne härtete den Boden, bevor viel gefunden wurde. Kurz darauf blockierte der Schlamm den Tunnel und der See füllte sich wieder mit Wasser. Knowles entdeckte einige Objekte im Wert von etwa 500 Pfund – angesichts des immensen Aufwands kein sonderlich gutes Geschäft. 1965 erklärte die kolumbianische Regierung den Bergsee Guatavita schließlich zum nationalen Erbe und beendete alle Bemühungen, den See trockenzulegen.

Letztlich gehen alle diese Versuche auf den Mythos El Dorado zurück. Dieser wiederum basierte zum Teil auf dem Irrglauben, ein Volk, das es sich leiste, Goldstaub abzuwaschen wie Schmutz, müsse das Edelmetall in Hülle und Fülle besitzen. So war es nicht.

Die Chibcha, die dieses Gebiet beherrschten, hatten nicht sehr viel Gold. Mit der rituellen Waschung wollten sie vermutlich ihre Götter gnädig stimmen. Denn der See, so die Überlieferung, soll durch einen Meteoriteneinschlag entstanden sein, den die Vorfahren beobachtet hätten. Der Lichtblitz vom Himmel wurde natürlich als göttliche Botschaft verstanden. Mit dem Auftragen des glänzenden Metallstaubs und dem Bad im See vollzog der König symbolisch die Offenbarung nach. Das Gold war also für die Chibcha mitnichten etwas Überflüssiges, sondern etwas sehr Bedeutendes.

Durchaus real waren die großen Schätze der Inka, deren Reich allerdings in einem anderen Teil Südamerikas lag, im Wesentlichen im heutigen Peru und Bolivien. Die Inka herrschten über ein riesiges Reich unterworfener Völker – da kam einiges an Tribut zusammen. Der Streich des Eroberers Francisco Pizarro, sich durch Gefangennahme des Herrschers Atahualpa eines Großteils dieser Schätze zu bemächtigen, weckte natürlich die Gier in Europa, es ihm gleichzutun. Der Mythos El Dorado ist auch eine Projektion dieser Wünsche.

Real waren auch die Schätze aus Gold und Smaragden, die die Konquistadoren auf dem Weg zum legendären Bergsee erbeuteten. Dabei verfügten die Chibcha kaum über eigene Goldfunde. Ihr eigentlicher Reichtum war Salz. Sie gewannen es in Minen und tauschten es bei den benachbarten indigenen Völkern unter anderem gegen Gold ein. Mit der Konquista gelangte es nach Europa.

Das Volk der Chibcha fiel unterdessen dem Rausch zum Opfer. Weil sie, anders als die Azteken, Maya und Inka, keine Hochkultur mit großen steinernen Bauten und keine Schrift entwickelt hatten, sind sie heute fast vergessen. Einige archäologische Dokumente gibt es, am berühmtesten sicher das 1969 gefundene Goldfloß von Pasca. Es stellt vermutlich die oben erwähnte Zeremonie auf dem Bergsee Guatavita dar.

Die Brutalität der Konquistadoren rief in Europa durchaus Kritik hervor. Einige Hauptleute wurden sogar von der spanischen Krone, die freilich bei allen Eroberungen ein Fünftel der Beute einkassierte, zur Rechenschaft gezogen. Doch der Eroberungsdrang war zumeist stärker als alle moralischen Skrupel. Die Einheimischen, untereinander blutig verfehdet und mit unterlegenen, bronzezeitlichen Waffen, hatten kaum eine Chance. Wer nicht im Kampf starb, wurde oftmals von durch die Eroberer eingeschleppten, bis dahin unbekannten Krankheiten dahingerafft.

„So viele Städte wurden ausgetilgt, so viele Völker ausgerottet, so viele Millionen von Menschen dem Schwert ausgeliefert“, schrieb der zeitgenössische Philosoph Michel de Montaigne, „und der reichste und schönste Teil der Welt wurde wegen des Handels mit Perlen, Gold und Pfeffer auf den Kopf gestellt! Gemeine und mechanische Siege!“

Im Laufe der Jahrhunderte, bis zur Unabhängigkeit der südamerikanischen Länder, wurden unzählige Schätze nach Europa verbracht. Zugleich blühte in der Karibik die Piraterie. Man konnte in den Kolonien reich werden, man konnte dort den Tod finden.

Doch der mythologische Motor, die eine, grandiose goldene Stadt, Städtegruppe oder das Goldland im eigentlichen Sinn, wurde nie gefunden. El Dorado war letztlich eine andere, vulgäre und materialistische Spielart dessen, was ein anderer Zeitgenosse, der Humanist Thomas Morus, *Utopia* nannte: ein *„u-topos“ (griech.)*, ein Nicht-Ort.

Der El-Dorado-Wahn kannte keine Grenzen. Spanier, Deutsche und Engländer waren ihm verfallen. Politische

Verwicklungen blieben nicht aus: Die fixe Idee, El Dorado zu finden, veranlasste den hochgebildeten und erfahrenen englischen Politiker und Seefahrer Sir Walter Raleigh zu einer bewaffneten Expedition, bei der er unter anderem eine spanische Siedlung niederbrennen ließ. Damit fiel er bei der englischen Krone, die ihn schon zuvor einmal in den Tower gesperrt hatte, endgültig in Ungnade – denn der englische König war zu jener Zeit gerade auf Frieden mit Spanien aus. Raleigh wurde enthauptet.

Die Engländer konzentrierten ihre Kolonialisierungsbemühungen unterdessen verstärkt auf Nordamerika, ebenfalls ohne Rücksicht auf Indianer, aber mit Erfolg.

Der nächste große Irrtum folgte etwa 150 Jahre später, als die britische Regierung es nicht für nötig hielt, den Bewohnern der Kolonien eine Vertretung im Unterhaus zuzugestehen, aber dennoch glaubte, Steuern von ihnen eintreiben zu können. Auch dies war gewissermaßen ein nützlicher Irrtum, machte er doch unfreiwillig die Gründung der USA möglich und somit auch die Erklärung der Menschenrechte, jene Rechte, die bei der Eroberung Amerikas so unsäglich oft mit Füßen getreten wurden.

Indessen stellt sich die Frage, ob Montaignes Anklagen gegen die sich überlegen wähnenden Europäer ohne weiteres einfach für bare Münze genommen werden sollten. Ob die beiden Amerikas wirklich der „reichste und schönste" Teil der Welt sind oder waren, ist

Ansichtssache. Auch kann man den zivilisationskritischen französischen Essayisten durchaus als einen frühen Vertreter der politischen Korrektheit sehen, der die negativen Seiten der (sehr unterschiedlichen) Kulturen der indigenen Völker ausblendete oder kleinredete: die zahllosen Angriffskriege untereinander, die Menschenopfer, die Unaufgeklärtheit in vieler Hinsicht. Doch es bedurfte solcher Anklagen wie derjenigen Montaignes, um an den unwürdigen Zuständen etwas zu ändern: So gesehen ist auch eine gewisse Idealisierung der Indigenen ein vorübergehend wohl notwendiger, nützlicher teilweiser Irrtum.

Von den Wirrungen der Weltgeschichte gelangen wir im nächsten Kapitel zu den Irrungen der Geschichtsforschung, genauer: der Archäologie. Es ist ein weiter Sprung, aber die Irrtümer bleiben nützlich, und zwar eindeutiger als im fragwürdigen Fall El Dorado.

Traum, Lüge und Literatur: Schliemann

Man nahm ihn nicht ernst. Man konnte und wollte ihn nicht ernst nehmen, diesen Möchtegernforscher, diesen Dilettanten und Aufschneider. Die deutschen Altertumsforscher, die Wissenschaftler an den Universitäten überhaupt hatten im 19. Jahrhundert ein starkes, ein unerschütterliches Ständebewusstsein, das dem des preußischen Militärs kaum nachstand. Sie misstrauten dem Hobby-Archäologen, wie wir sehen werden, nicht zu Unrecht. Dennoch setzte er einen Meilenstein der Archäologie.

Heinrich Schliemann war Kaufmann. Das Gymnasium hatte er abbrechen müssen, den Eltern fehlte das Geld. Der junge Mann begann eine Lehrzeit als Handelsgehilfe bei einer Krämerin seiner mecklenburgischen Heimat. Kränklich war er auch. Er versuchte sein Glück in Hamburg, fand aber nur eine Stelle als Lagerarbeiter und erkrankte erneut. Völlig verarmt beschloss er, auszuwandern, nach Südamerika. Das Schiff strandete jedoch schon vor der niederländischen Insel Texel. Er gelangte nach Amsterdam, erhielt eine Stellung als Kontorbote und begann, Fremdsprachen zu lernen. Viele Sprachen. Innerhalb eines Jahres lernte er Niederländisch, Spanisch, Italienisch und Portugiesisch. Doch ein Sprachtalent ist noch lange kein Forscher.

Das Ständebewusstsein der deutschen Altertumsforscher nährte sich aus mehreren Quellen. Zum einen war es der hohe Rang, den die klassisch-humanistische Bildung seit Winckelmanns Zeiten im Bildungsbürgertum genoss. Selbst der Adel passte sich diesen Vorstellungen an. Zum anderen waren es die unabweisbaren wissenschaftlichen Leistungen. Die Wirtschaft lief der englischen hinterher, die deutsche Einheit war noch ein Wunschtraum. Doch die Wissenschaft hatte Weltrang.

Es ist heute eine müßige Frage, ob Schliemann im Beginn seiner Untersuchungen von richtigen oder unrichtigen Voraussetzungen ausging. Nicht nur der Erfolg hat für ihn entschieden, sondern auch die Methode seiner Untersuchung hat sich bewährt. Es mag sein, dass seine Voraussetzungen zu kühn, ja willkürlich waren, dass das bezaubernde Gemälde der unsterblichen Dichtung seine Phantasie zu sehr bestrickte, aber dieser Fehler des Gemüths, wenn man ihn so nennen darf, enthielt doch auch das Geheimniß seines Erfolges.

Der Verfasser dieser Zeilen, Rudolf Virchow, war selbst kein studierter Altphilologe oder Historiker, sondern Mediziner. Virchow entdeckte die Leukämie, führte die Trichinenschau und andere hygienische Standards ein, verkannte indessen die bahnbrechenden Arbeiten des ungarischen Arztes Ignaz Semmelweis zum

Kindbettfieber: Virchow trat hier als typischer Vertreter des medizinischen Establishments auf. Er gehörte jedoch zu den wenigen echten Freunden Schliemanns in der wissenschaftlichen Welt. Von welchem „Geheimniß“ sprach er?

Im Grunde hat Schliemann einen der schlimmsten Fehler begangen, die einem Philologen unterlaufen können: Er nahm einen dichterischen Text für bare Münze, die Ilias des Homer – zumindest tat er so. Und er setzte eine weitere Sünde obendrauf – er grub als Hobby-Archäologe einfach drauflos. Doch der Reihe nach. Es beginnt mit einer hübschen, vielleicht *zu* hübschen kleinen Geschichte:

Zu Weihnachten 1829 bekam der achtjährige Heinrich von seinem Vater Jerrers „Weltgeschichte für Kinder“ geschenkt, ein mit Stichen bebilderter Band. Darin findet sich auch eine Abbildung des brennenden Troja. Zur Erklärung schreibt der Autor, es seien „alle Spuren dieser berühmten Stadt von der Erde verschwunden, so daß niemand mit Gewißheit sagen kann, an diesem oder jenem Ort habe sie gestanden“.

Der junge Schliemann glaubt es nicht: „Jerrer muß Troja gesehen haben!“, und erklärt seinem Vater: „Wenn solche Mauern einmal gewesen sind, so können sie nicht ganz vernichtet sein, sondern sind wohl unter dem Staub und Schutt von Jahrhunderten verborgen.“ Vater und Sohn kommen daraufhin überein, „daß ich dereinst Troja ausgraben sollte“.

So erzählt Schliemann die Szene jedenfalls in seiner zweiten Autobiographie; in seiner ersten war von ihr noch nicht die Rede. Der Mann aus der Mecklenburger Provinz hatte sich nach seinen unglücklichen Anfängen im Laufe der Zeit zu einem erfolgreichen Geschäftsmann entwickelt. Er wusste, wie man Dinge verkaufte – sein eigenes Leben und dessen Inszenierung gehörte zu seinen besten Produkten. Schliemann-Biographen haben seither so manche Flunkerei und Ausschmückung in seinen zahlreichen Selbstdarstellungen aufgedeckt. Als Beispiel lässt sich ein frei erfundenes Dinner mit dem amerikanischen Präsidenten nennen. Auch die Geschichte mit dem Jerrer-Buch sollte nicht unbedingt für bare Münze genommen werden.

Interessanterweise gibt Schliemann in dieser Anekdote – sofern sie stimmen sollte – einen offenkundigen Irrtum des jungen Heinrich zu. Natürlich hatte Jerrer Troja nicht gesehen, ebenso wenig wie sein Illustrator. Das Kind war anscheinend von der lebendig gestalteten Abbildung so beeindruckt, dass er sie für authentischer hielt, als sie sein konnte. Doch aus der falschen Vermutung zieht der Achtjährige demnach die richtige Schlussfolgerung: Irgendetwas muss noch zu finden sein von der einst so mächtigen Stadt. Wenn die Anekdote der Wahrheit entspräche, so wäre die Unterstellung, Jerrer habe Troja gesehen, der erste uns bekannte nützliche Irrtum seines Lebens, aber nicht der letzte.

Ist sie jedoch erfunden (wofür einiges spricht), so müssen wir sie im Zusammenhang mit Schliemanns generell eigenartigem, verwaschenen Verhältnis zu Lüge, Irrtum und Wahrheit sehen. Es ist nämlich gerade diese *abenteuerliche* Auffassung, die ihm an entscheidenden Stellen weiterhelfen wird.

Ein Abenteurer war der Mecklenburger Pastorensohn wirklich. Bevor er nach Troja grub, strandete er wie gesagt mit einem Auswandererschiff, lernte mehr als ein Dutzend Sprachen, machte teils dubiose, aber erfolgreiche Geschäfte in St. Petersburg und schürfte in Kalifornien nicht ohne Erfolg nach Gold.

Schliemann war bis Mitte 30 durch Geschäfte wohlhabend geworden. Er gelte als der „schlaueste und durchtriebenste" Kaufmann in ganz St. Petersburg, schrieb er einmal an seinen Vater. Nicht nur dort: Er wurde zu einem Gewinner der weltweit voranschreitenden Industrialisierung und des globalen Handels. In der ersten sogenannten Weltwirtschaftskrise in den 1850er Jahren verlor er zeitweilig einen Großteil seines Vermögens. Es gelang ihm zwar, seine Verhältnisse zu sanieren, doch begann er, sich vor der Geschäftemacherei zu ekeln.

Er strebte, wie viele Aufsteiger seiner Zeit, nach Kultur und klassischer Bildung. Neugriechisch sprach er als Globetrotter und Sprachgenie bereits; nun lernte er, dem humanistischen Kanon folgend, Altgriechisch. Und er las Homer im Original.

Schließlich reiste er nach Griechenland auf den Spuren des Dichters und seiner Helden. Nicht nur das. Seinem geradezu kindlichen Verhältnis zur Wahrheit folgend, schlüpfte er in die Rolle des Odysseus.

Schliemanns Fähigkeit, so viele Sprachen zu lernen, ergab sich nicht allein aus einem besonderen Talent. In der Realschule – auch dort lernte man schon die modernen Fremdsprachen Englisch und Französisch, dazu Latein – waren seine sprachlichen Leistungen nur mäßig. Schliemanns spätere, so außerordentliche Fähigkeiten ergaben sich nicht zuletzt daraus, dass er sich einer neuen Sprache jeweils völlig verschrieb, dass er sich in sie hineinfallen ließ wie ein Schauspieler in seine Rolle.

Nicht anders verhielt er sich nun als Hobby-Archäologe, besser gesagt: als Archäologie-Freak. „Ich entkleide mich bis aufs Hemde", schrieb er, um durch die bewässerten Felder Korfus wandelnd nach dem homerischen Waschplatz der Phäaken zu suchen. Dass er sich vor den Einheimischen blamierte, störte ihn nicht.

Ähnlich seltsam agierte er an den Dardanellen, als er sich anschickte, seinen angeblichen Kindheitstraum vom Ausgraben Trojas zu verwirklichen. Mit Homers Ilias in der Hand, so behauptet er zumindest in der zweiten Autobiographie, schritt er über die Hügel, die nach der zeitgenössischen Theorie als Kandidaten für den Standort in Frage kamen. Angeblich konnte er, indem er die Kämpfe, von denen Homer „berichtete“, geistig nachvollzog, die Hügel von Bunarbaschi ausschließen und Hissarlik als wahres Troja identifizieren.

Tatsächlich hatte der professionelle Archäologe Frank Calvert Schliemann den entscheidenden Hinweis auf Hissarlik gegeben. Calvert hatte lediglich nicht das Geld für eigene größere Grabungen. Schliemanns naiver Drang, Homer nicht nur zu lesen, sondern zu leben, sein Unwille, Fiktion und Realität zu unterscheiden, trugen jedoch vermutlich entscheidend dazu bei, dass er Calvert und nicht anderen führenden Wissenschaftlern der Zeit folgte. So ergänzten sich Calverts historisches Wissen, Schliemanns naive Homer-Begeisterung und sein gar nicht naiv erlangtes Vermögen.

Das wahre Troja der Sage – wenn es jenes je gab – hat Schliemann jedoch nicht gefunden, nur, mit Calverts Hilfe, den richtigen Standort. Schliemann irrte sich bei seinen hastigen Grabungen im unerschütterlichen Glauben an den vermeintlichen Geschichtsschreiber Homer um einige Schichten; an der Stelle waren über die Jahrhunderte immer wieder neue Siedlungen entstanden.

Calvert wies schon bald nach Bekanntwerden der Grabungserfolge durch Vergleiche nach, dass Schliemanns Troja nicht das Homers, sondern einige hundert Jahre älter war. Er kritisierte öffentlich, dass Schliemann fanatisch hinter Homers Troja her sei und Gegenbeweise unterdrücke oder verbiege. Aus Rache strich der Autodidakt den Profi Calvert aus seiner neuen Autobiographie – und fügte stattdessen die hübsche Anekdote vom achtjährigen Heinrich hinzu.

Mit eisigem Selbstbewusstsein urteilte das wissenschaftliche Establishment, nachdem über Schliemanns Irrtümer Klarheit gewonnen war: „Vor einem Menschenalter", hieß es in der Preußischen Akademie der Wissenschaften, „begann Schliemann auf dem Boden der griechischen Stadt Ilion zu wühlen, unbeschwert von jeder sprachlichen oder geschichtlichen Wissenschaft, beflügelt von dem naiven Kinderglauben, alles, was im Homer stünde, müßte real sein." Und seine Publikumserfolge, allen voran mit dem angeblichen Schatz des Priamos? Die Antwort ist im Grunde aristokratisch: „Es war nicht mehr als billig, daß die Welt dem Entdecker zujubelte, mindestens verzeihlich, daß die Masse, die geschichtliche Wissenschaft nicht fassen kann, die realen Schätze als Beweis für die Realität der homerischen Erzählung nahm. ... Darüber ereifert man sich nicht, man nimmt es aber auch nicht ernst."

Dennoch öffnete der Dilettant Schliemann der Altertumswissenschaft eine wertvolle Pforte. Es ist eine weitere Wendung in dieser Geschichte der Irrungen: Durch besagte Pforte schritt man über Schliemann und sein Wörtlichnehmen hinweg.

Dank der Ausgrabungen weiß man heute mit größerer Sicherheit als früher, dass Homer (oder die möglicherweise mehreren Autoren und Bearbeiter, die man unter diesem Namen zusammenfasst) von den Ereignissen, die er besang, Jahrhunderte entfernt war. Der Gedanke, einzelne Kampfszenen der Dichtung als exakte Protokolle realer Kämpfe zu nehmen, ist somit ins Reich des Absurden verwiesen. Doch ohne Schliemanns auf Irrtümern basierendes und mit Fantasien durchtränktes Handeln hätte man vieles erst wesentlich später herausgefunden.

Wer würde so große, durch lange Jahre fortgesetzte Arbeiten unternommen, so gewaltige Mittel aus eigenem Besitz aufgewendet, durch eine fast endlos scheinende Reihe aufeinandergehäufter Trümmerschichten bis auf den in weiter Tiefe gelegenen Urboden durchgegraben haben, als ein Mann, der von einer sicheren, ja schwärmerischen Ueberzeugung durchdrungen war? Noch heute würde die gebrannte Stadt in der Verborgenheit der Erde ruhen, wenn nicht die Phantasie den Spaten geleitet hätte.

Selten ist ein Dilettant so schön und durchaus zutreffend gelobt worden wie Heinrich Schliemann durch Virchow.

Kreative Missverständnisse in der Literatur

Was haben deutsche Dichter und Denker mit amerikanischen Ureinwohnern gemeinsam? Mehr als man für gewöhnlich denkt, fand zumindest Heinrich Heine:

Da ich einst zu den akademischen Schülern des ältern Schlegel gehört habe, so dürfte man mich freilich in betreff desselben zu einiger Schonung verpflichtet glauben. Aber hat Herr A. W. Schlegel den alten Bürger geschont, seinen literärischen Vater? Nein, und er handelte nach Brauch und Herkommen. Denn in der Literatur wie in den Wäldern der nordamerikanischen Wilden werden die Väter von den Söhnen totgeschlagen, sobald sie alt und schwach geworden.

Respekt vor dem Alter war Heines Sache nicht. Als der junge Dichter beim alten Goethe Audienz erhielt, antwortete er auf die Frage des Literaturfürsten, woran er gerade arbeite: an einem „Faust". Obiges Zitat Heines (aus „Die Romantische Schule") zeigt, dass er in dieser Respektlosigkeit sogar einen für die Entwicklung der Literatur entscheidenden Faktor sah.

Auch wenn Heine sich besonders grundsätzlich und scharfzüngig ausgedrückt hat, steht er mit dieser Haltung in der Kulturgeschichte nicht allein da. Die Briefe etlicher Literaten zeugen von solchen metaphorischen „Vatermorden". Häufig zeigt sich auch in den Werken, wie Schriftsteller mit ihren (ehemaligen) Vorbildern kämpfen, im Versuch, über sie hinauszuwachsen oder es doch wenigstens gleich gut, aber anders zu machen. Freilich verhält es sich bei der älteren Generation oft genug ähnlich, man wehrt sich in Feuilletons und Werken gegen die aufmüpfige Jugend, die den Wert der älteren Werke verkenne.

Autoren haben jedoch gegenüber Literaturhistorikern einen großen Vorteil: Sie müssen nicht gerecht sein; ja sie müssen diejenigen, gegen die sie anschreiben, noch nicht einmal richtig verstehen – Hauptsache, aus diesem Kampf von alten und neuen Ideen, Missverständnissen und Konkurrenzgefühlen geht ein bedeutendes Werk hervor. Irrtümer, was die wahre Intention derjenigen, gegen die man anschreibt, betrifft, stören nicht: Sie können sogar den eigentlichen Antrieb für das individuelle Schaffen darstellen.

Der amerikanische Literaturtheoretiker Harold Bloom hat darin ein Prinzip der literarischen Produktivität gesehen, er sprach von „*creative misreadings*" (kreativen Missverständnissen oder „Fehllesungen"). Bloom reicherte seine Theorie mit dem Inventar der Psychoanalyse an, doch am Begriff der *creative misreadings* kann man auch Gefallen finden, wenn man kein Freud-Anhänger ist.

Nehmen wir als Beispiel Heines Zeitgenossen Georg Büchner. Er war ein junger Arzt, innovativer Dramatiker, politisch engagiert bis zur Verwegenheit und musste deswegen sein Heimatland verlassen. In jeder dieser Eigenschaften steht er in bester Tradition zum jungen Friedrich Schiller.

Was aber schrieb Büchner über Schiller?

Wenn man mir übrigens noch sagen wollte, der Dichter müsse die Welt nicht zeigen, wie sie ist, sondern wie sie sein solle, so antworte ich, daß ich es nicht besser machen will, als der liebe Gott, der die Welt gewiß gemacht hat, wie sie sein soll. Was noch die sogenannten Idealdichter anbetrifft, so finde ich, daß sie fast nichts als Marionetten mit himmelblauen Nasen und affektiertem Pathos, aber nicht Menschen von Fleisch und Blut gegeben haben ... Mit einem Wort, ich halte viel auf Goethe oder Shakespeare, aber sehr wenig auf Schiller. (Brief vom 28. Juli 1835 an seine Familie)

Man könnte nun einwenden, dass Büchner den späten, klassizistischen Schiller gemeint habe, nicht den jungen Stürmer und Dränger. Doch gerade diese Unterscheidung macht Büchner nicht, ebenso wenig wie er sich gegen den ihm politisch fernstehenden Goethe abgrenzt.

Wahrscheinlich ist Büchners erstes Stück, „Dantons Tod“, gegen Schillers „Wallensteins Tod“ angeschrieben: sprachlich, weltanschaulich, dramentheoretisch. Es spricht jedoch einiges dafür, dass Büchner Schiller teilweise missverstanden hat. Der *sogenannte Idealdichter* war nicht aus Verachtung gegen die Realität oder gegen „Fleisch und Blut“ zu seinen Ansichten gelangt, sondern aufgrund langer Auseinandersetzung mit der Realität. Die Französische Revolution und ihr Scheitern war für Schiller ähnlich wichtig wie für Büchner.

Doch der später Geborene zog andere Konsequenzen, weil er in einer anderen Zeit lebte. Die drückende Atmosphäre des Biedermeier lastete auf ihm, für Schillers Hoffnung, die Gesellschaft durch „ästhetische Erziehung“ voranzubringen, sah Büchner keinen Platz. Er schwankte zwischen revolutionären Hoffnungen und blanker Verzweiflung. Büchners wütende Abgrenzung gegen alles Idealistische trieb ihn so weit, mit „Woyzeck“ ein Stück zu schreiben, von den manche sagen, seine Modernität sei bis heute nicht übertroffen oder auch nur wieder erreicht worden ...

Wäre das möglich gewesen, hätte Büchner versucht, Schiller mit seiner komplexen Literaturtheorie zur Gänze zu verstehen, statt ihn zu verspotten und schnell mit Gegenentwürfen loszulegen? Wahrscheinlich wäre der junge Heißsporn dann gestorben, bevor er seine Meisterstücke schreiben konnte. Büchner wurde nur 23 Jahre alt.

Irrtümer in der Literaturinterpretation und den Geisteswissenschaften allgemein sind schwieriger festzumachen als in den Naturwissenschaften. Wenn sich der Gegenstand nicht exakt messen, sondern nur mehr oder weniger glaubhaft deuten lässt, stehen Sätze wie „Hier irrst du!“ oder „Das ist ein Missverständnis“ immer unter Vorbehalt. Es folgt ein Paradox: Die Aussage, ein beliebiger Autor habe seine Vorgänger missverstanden, kann selbst als Missverständnis des Autors durch den Interpreten gewertet werden, ebenso kann wiederum diese Aussage über den Interpreten als Missverständnis des Interpreten gesehen werden – und so weiter …

Kandinsky oder: der richtige falsche Blick

Auf einer Ausstellung 1896 in Moskau sieht der junge Maler Wassily Kandinsky ein Bild des französischen Impressionisten Claude Monet. Das Gemälde stellt einen Heuhaufen dar; Monet hatte eine ganze Reihe solcher Bilder gemalt. Es ging ihm nicht um den im ländlichen Frankreich alltäglichen Gegenstand, sondern um die unterschiedlichen Licht- und Farbstimmungen. Der zu jener Zeit noch relativ konventionell arbeitende Kandinsky erkennt den Gegenstand des Bildes nicht und tut zunächst das, was später etliche Betrachter moderner Kunstwerke tun werden: Er ärgert sich.

Erst der Bildtitel gibt Aufschluss über den Gegenstand. Doch der Ärger verfliegt und mündet schließlich in einer Art Erweckungserlebnis: Kandinsky beginnt, die Gegenständlichkeit der bildenden Kunst zu hinterfragen. Für ihn bekommt die Malerei eine „märchenhafte Pracht und Kraft“; und er findet, dass damit „der Gegenstand als unvermeidliches Element des Bildes diskreditiert“ sei. Dennoch bleibt das Gegenständliche in seinen Bildern zunächst erhalten.

Doch ein weiteres Erlebnis führt 1910 zu einem radikalen Wandel in Kandinskys Schaffen. Diese Erfahrung wird zur

Initialzündung der abstrakten Kunst – und sie basiert auf einem Irrtum.

Als er sein Atelier betritt, nimmt er zu seinem Erstaunen plötzlich ein Gemälde „von außergewöhnlicher Schönheit“ und „voll innerer Ausstrahlung“ wahr. Nicht in dieser Wertung liegt der Irrtum, sondern darin, dass er eines seiner *eigenen* Bilder nicht als solches erkannt hatte.

Das vermeintlich fremde, wie durch Zauberhand in sein Atelier geratene Bild lässt in Kandinskys spontaner Wahrnehmung keinen Inhalt erkennen, nur Farben und Formen. Erst nach einer kurzen, aber intensiven Zeitspanne des Erlebens fällt ihm auf, dass er ein von ihm selbst gemaltes Bild betrachtet.

Der simple Grund für die Verwirrung: Die Leinwand war verkehrt herum aufgestellt. Ein Treppenwitz der Kunstgeschichte: Die abstrakte Malerei, der von Laien gerne vorgehalten wird, man wisse ja gar nicht, wie herum man die Bilder aufhängen solle, basiert auf einem irrtümlich verkehrt herum hängenden Werk …

Der Vollständigkeit halber muss man hinzufügen, dass auch die Lichtverhältnisse in der Dämmerung und zudem wohl die Schrägperspektive beim Betreten des Ateliers das Bild ganz anders wirken ließen. Diesen Effekt erleben Maler, Profis wie Amateure, bis heute: Die eigene Arbeit, der man zu Recht oder Unrecht kritisch gegenüberstand, entfaltet in der verzerrten Perspektive und unter ungewohnten Lichtbedingungen eine neue Kraft; das Bild wirkt einen

Augenblick „gültiger“ als zuvor, bis die gerade Aufsicht und besseres Licht die Schwächen der Arbeit gnadenlos hervortreten lassen.

Doch Kandinskys Reaktion war eben nicht so banal wie der Anlass. Ein Kleinmeister hätte wohl lediglich über die eigene Unachtsamkeit mit dem Kopf geschüttelt, das Bild richtig herum gestellt und das Licht angeschaltet.

Nicht so Kandinsky. Er vertraut nicht seiner ursprünglichen, langwierigen Arbeit, sondern dem spontanen Schlüsselerlebnis, das sich aus dem kleinen Missgeschick ergeben hatte. Er malt zunehmend abstrakter, gelangt schließlich zu Werken, die sein Malerfreund Franz Marc erstaunt folgendermaßen beschreibt: „sehr merkwürdige Bilder – Bilder ohne Gegenstand …“

In seiner 1911 veröffentlichten Schrift „Über das Geistige in der Kunst“ versucht Kandinsky, seinen Weg theoretisch zu fundieren. Er fordert, der Künstler müsse sich vom Materiellen, also vom Gegenständlichen, lösen, wolle er zu dem unsichtbaren Geistigen gelangen.

In der Praxis ist der Weg zur vollständigen Abstraktion denn doch länger, als das spontane Erlebnis vermuten ließe. Kandinsky ist ein intellektueller Kopf, der nicht ohne Überlegung drauflos malt. Er verschlüsselt den Gegenstand in seinem Werk zunehmend. Zunächst ist das Gegenständliche in den Bildern noch erhalten, doch wird es für den Betrachter immer schwieriger, dieses ohne Erläuterung zu identifizieren. Kandinsky malt schließlich mit seinem

Aquarell „Ohne Titel“ (1910 datiert, vermutlich aber 1913 entstanden) das erste vollständig abstrakte Bild. Er spricht von „absoluter“ Malerei.

Kandinsky ist sich durchaus einer gewissen Gefahr bewusst, die von dieser radikalen Lösung ausgehen kann. Er möchte keine Werke schaffen, die nur ornamental sind und quasi „einem Teppich“ gleichen. Um dem zu entgehen, entwickelt er eine eigene Symbolsprache, unterteilt seine Arbeiten in Kategorien und kehrt zeitweise zur Gegenständlichkeit zurück. Doch der Schwerpunkt seines Schaffens liegt im Abstrakten, und es sind vordringlich diese Arbeiten, die Kandinskys Platz in der Kunstgeschichte ausmachen.

Es ist wahrscheinlich, dass die europäische Malerei auch ohne Kandinskys Schlüsselerlebnis im halbdunklen Atelier irgendwann zur Abstraktion gefunden hätte, die Tendenz der Avantgarde ging spätestens seit Monet in diese Richtung.

Doch der Weg wäre vermutlich länger gewesen oder weniger konsequent gegangen worden, hätte der russisch-deutsche Maler stets auf die korrekte Hängung und perfekte Beleuchtung seiner Bilder geachtet.

Nur Banausen (und einige Provokateure) behaupten heute noch, der Weg der Kunst in die Moderne sei ein Irrtum gewesen. Doch es lässt sich nicht leugnen, dass er ein Stück weit auf einem nützlichen Irrtum basierte. Und darin befindet sich die moderne Kunst ja in bester Gesellschaft mit anderen epochalen Neuerungen.

Nur relativ richtige Annahmen: Relativitätstheorie

Geben wir es doch zu: Wir Normalsterblichen freuen uns meistens, wenn ein Genie irrt. Irrtümer von großen Denkern scheinen für einen Augenblick die Distanz zwischen ihnen und uns zu verkürzen. Natürlich ist auch das ein Irrtum – niemand hat behauptet, dass Genies immer recht haben. Sie haben lediglich mindestens einmal in ihrem Leben etwas ganz Außerordentliches geleistet, etwas, das ebenso unwiederholbar wie unvergesslich ist.

Albert Einstein hat sich geirrt, mehr als einmal, und auch bei fundamentalen Fragen. Über Fachkreise hinaus bekannt geworden ist seine Ablehnung des Zufälligen in der modernen Quantenmechanik mit dem berühmt gewordenen Satz: „Jedenfalls bin ich überzeugt, daß der Alte nicht würfelt."

Einsteins Position gilt nach dem heutigen Stand der Forschung als Irrtum. Ob *dieser* Irrtum des älteren, schon berühmten Einstein als nützlich bezeichnet werden kann, darf bezweifelt werden; doch immerhin trugen seine Gedankenexperimente unfreiwillig dazu bei, dass seine Opponenten um Niels Bohr ihre Auffassung präzisierten und argumentativ ausbauten.

Weit weniger bekannt ist eine andere Tatsache: Auch Einsteins berühmteste Arbeit, die Relativitätstheorie, basiert in einer bestimmten Hinsicht auf einem Irrtum. Es handelt sich nicht um ein unbedeutendes Detail, sondern um eine wesentliche Grundlage.

Genauer gesagt, geht es um die allgemeine Relativitätstheorie. Zugegeben, das macht die Sache nicht leichter. In den Zwanzigerjahren des 20. Jahrhunderts erschien eine Karikatur mit dem Titel „Die Gelehrten studieren ein Einstein-Problem“: Herren in Talaren verzweifeln über einigen Zettelchen, der Erste setzt schon eine Pistole an seine Schläfe; während Einstein in Schlabberklamotten lässig daneben steht und sich langweilt.

Doch zur Beruhigung: Zwar ist ein exaktes, weil mathematisches Verständnis der Relativitätstheorie ohne Physikstudium nicht möglich. Man muss aber kein Experte sein, um einige Grundzüge der Relativitätstheorie mitzubekommen, und das gilt auch für den Irrtum, von dem die Rede sein soll.

Die spezielle Relativitätstheorie beschreibt das Verhalten von Raum und Zeit aus der Sicht von Beobachtern, die sich relativ zueinander bewegen. Eine der wichtigsten Erkenntnisse: Zwei Beobachter messen für die Geschwindigkeit des Lichtes denselben Wert, obwohl einer von ihnen sich bewegt und der andere nicht. Das unterscheidet das Licht vom Schall, und es widerspricht unserer

Alltagserfahrung: Wer auf der Autobahn mit 120 km/h unterwegs ist, dem kommt ein Auto, das ihn mit 125 km/h überholt, nur wenig schneller vor (nämlich um Schrittgeschwindigkeit), während ein stehender Beobachter am Straßenrand – zum Beispiel die Polizei – eben 125 km/h misst und einen Strafzettel verschickt, weil an diesem Abschnitt nur 100 km/h erlaubt ist. Die Ausrede „Der im Wagen neben mir hat nur 5 km/h gemessen“ zieht nicht, ebenso wenig das Argument „Seit Einstein ist doch alles relativ“. Ein kluger Polizist könnte antworten: „Nein, die Lichtgeschwindigkeit ist laut Einstein eben nicht *relativ*, sondern *konstant*.“

Das heißt übrigens nicht, dass der Titel der Theorie ein Irrtum war, denn ebenso, wie die Lichtgeschwindigkeit konstant ist, ist anderes *relativ*: Nach Einstein ist es unmöglich, eine absolute Geschwindigkeit eines Beobachters im Raum zu ermitteln, denn Raum und Zeit sind zueinander relativ.

Die nachfolgende allgemeine Relativitätstheorie entwirft zusätzlich ein neues Bild der Gravitation: Sie führt die Schwerkraft auf eine „Krümmung“ von Raum und Zeit zurück, die unter anderem durch die beteiligten Massen verursacht wird. So gewagt sich das anhört – die Theorie hat bislang allen Zweifeln und Widerlegungsversuchen widerstanden.

Und das, obwohl sie in Teilen auf einem Irrtum beruht. Eine ihrer wesentlichen Grundlagen ist nämlich ein Prinzip, mit dem sich

Einstein erneut von der klassischen Physik Newtons abgrenzte. Warum auch nicht – bei der speziellen Relativitätstheorie war das auch schon gelungen.

Nach der Vorstellung Newtons gibt es ein wahrhaft ruhendes Bezugssystem, den „*absoluten* Raum". Bewegt sich ein Gegenstand gegen den absoluten Raum, treten Trägheitskräfte auf, zum Beispiel die Fliehkraft. Durch solche Kräfte wirke der Raum auf die Körper ein. Hingegen können Newton zufolge umgekehrt Körper den Raum einfach nicht aus der Ruhe bringen – eine sehr einseitige Beziehung!

Einstein nun hielt diese Annahme einer bloß einseitigen Wirkung des Raums auf Körper für widersinnig. Er ging davon aus, dass die Trägheitskräfte vollständig durch die *relativen* Lagen und Bewegungen von Körpern bestimmt sind, nicht durch Newtons *absoluten* Raum. Diese Auffassung ist in der Physik als das „Machsche Prinzip" bekannt.

Jenes Prinzip spielte bei der Arbeit an der allgemeinen Relativitätstheorie eine wichtige Rolle. Doch stellte sich später heraus, dass die vollentwickelte Theorie das Machsche Prinzip doch nicht erfüllt, denn: Die Theorie lässt Strukturen als möglich zu, in denen Trägheitskräfte doch wieder aus einer von den Körpern und ihren Bewegungen unabhängigen Raum-Zeit stammen.

Zum absolut unbeweglichen Raum – wie bei Newton – kehrte man zwar nicht zurück. Doch die Raum-Zeit hängt nicht von den Körpern ab, die Beziehung bleibt also einseitig. Zumindest ist das in unserem Universum der physikalischen Forschung zufolge offenbar so.

Und doch war das Machsche Prinzip für die Formulierung der allgemeinen Relativitätstheorie wesentlich. Ohne dieses Prinzip wäre die Entwicklung der Theorie vielleicht auch möglich gewesen – aber eben nicht auf die von Einstein verfolgte Weise. Der große Physiker ist sozusagen bei seiner Expedition eine Zeit lang in die falsche Richtung gelaufen, doch auf diesem Weg hat er einen Aussichtspunkt erreicht, von dem aus er das vorher im Dschungel verborgene Ziel erkennen konnte.

Auch das kann Genialität ausmachen: Noch im Irrtum auf dem krummen Weg zur Wahrheit wandeln.

Das Schöne: Auch gewöhnlicheren Menschen kann so etwas gelingen – nun ja, so etwas Ähnliches, zum Beispiel, wenn das Navigationsgerät versagt. Doch wie war das noch gleich mit unseren lernfähigen Regenwürmern? Die sollten doch etwas mit Nobelpreisträgern gemeinsam haben? Einstein ist einer von zweien in diesem Buch erwähnten Forschern, denen die Auszeichnung zuteil wurde. Also?

Gehen wir einen Schritt zurück. Die Relativitätstheorie ist nämlich nicht etwa aus einem Bedürfnis entstanden, an Newton herumzumäkeln, sondern sollte den Weg aus einer Sackgasse weisen, in die sich die zeitgenössische Physik manövriert hatte – aus einer Sackgasse oder, wenn man so will, aus einem mit Sandpapier ausgelegten Gang ...

Der Fehlversuch als Meisterleistung: das Michelson-Morley-Experiment

Im 19. Jahrhundert gingen die meisten Physiker davon aus, dass sich das Licht auf einem gewissen Trägermedium ausbreite, ähnlich wie der Schall durch die Luft oder andere Substanzen (Wasser, Mauerwerk usw.). Man nannte diese hypothetische Substanz „Äther". Auf diese Theorie geht die heute noch gelegentlich gebrauchte Redensart „etwas über den Äther schicken" für „im Radio übertragen" zurück, denn Radiowellen sind wie das Licht elektromagnetische Wechselwirkungen.

Das Problem nur war: Niemand hatte den Äther bisher gefunden. Es musste ohnehin eine geheimnisvolle Substanz sein, durch die sich Planeten lautlos und anscheinend ungebremst bewegen konnten. Denn der Weltraum musste der Theorie zufolge ja vom Äther erfüllt sein, sonst würde das Licht der Sonne und der Sterne uns nicht erreichen.

Den aufwendigsten Versuch unternahmen die Physiker Michelson und Morley im Jahr 1887. Sie wollten einen Geschwindigkeitsunterschied zwischen Erde und Äther feststellen. Einen solchen musste es der Theorie nach geben, denn die Erde bewegt sich, wie man seit Kopernikus und Kepler weiß, durch den Weltraum. Dieser Raum soll voller Äther sein, um das Licht zu transportieren. Die Erde pflügt demnach durch den von Lichtwellen erfüllten Äther wie ein Schiff durch den wellengekräuselten Ozean. Die Geschwindigkeit eines Schiffs maß man in Relation zum Wasser, warum sollte es mit dem Äther nicht auch gehen?

Um die angenommene Relativgeschwindigkeit von Erde und Äther festzustellen, wurde ein Lichtstrahl über einen halbdurchlässigen Spiegel auf zwei verschiedene Wege getrennt, reflektiert und am Ende wieder zusammengeführt, sodass sich ein sogenanntes Interferenzmuster ergibt (ähnlich wie bei Wellen in einem See, die von Hindernissen wie Booten oder Kaimauern reflektiert werden).

Aufgrund der Bewegung der Erde im Äther müsste als Ergebnis herauskommen, dass der Lichtstrahl in Bewegungsrichtung der Erde etwas länger benötigt als der Strahl senkrecht dazu: Schließlich muss das Licht, wenn es sich in die gleiche Richtung wie die Erde bewegt, gegen den vermeintlichen Äther-Fahrtwind ankämpfen.

Der Versuchsaufbau war (für die damalige Zeit) sehr aufwendig – das Ergebnis jedoch dürftig. Man maß zwar einen Unterschied von etwa 5 bis 8 Kilometern pro Sekunde. Okay, das sind immerhin mindestens 18 000 Stundenkilometer – doch für kosmische Dimensionen ist das lächerlich gering. Zum Beispiel rotiert das Sonnensystem um das Zentrum der Milchstraße mit etwa

220 Kilometern pro Sekunde oder 792 000 Stundenkilometern! Michelson und andere Physiker schlossen, dass das Resultat zu schwach war, um etwas mit dem erwarteten „Ätherwind“, also dem Gleiten der Erde durch den kosmischen Äther, zu tun zu haben. Später wies man übrigens nach, dass selbst die popligen 5 bis 8 Kilometer pro Sekunde auf Messungenauigkeiten zurückgingen.

Das aufwendige Nicht-Finden des Äthers hatte Folgen. Ebenso wie manche Eroberer Amerikas mangels Goldfunden auf andere Quellen zugriffen, um sich zu bereichern, mussten die Physiker nach anderen Erklärungen für die rätselhaften Eigenschaften des Lichts suchen. Das gelang schließlich Einstein mit seiner speziellen Relativitätstheorie. Sie kam ohne ein Trägermedium für das Licht aus. Der Irrtum „Äther“ war beseitigt. Andere sollten folgen, wie wir gesehen haben.

Von einer Wiederholung des Experiments daheim ist übrigens abzuraten. Kosten und Aufwand dürften in keinem rechten Verhältnis zum Gewinn stehen. Irrtümer und (vermeintliche) „Fehl“-Versuche sind ja dazu da, korrigiert und nicht endlos wiederholt zu werden. Attraktiver sind da schon Küchenexperimente – siehe die Erfindung der Kartoffelchips.

Im Grunde hat sich unser Koch Crum in Bezug auf den kleinen Schnitzer seiner Schwester nicht anders verhalten als Einstein gegenüber dem groß angelegten Versuch Michelsons und Morleys: Beide haben aus kreativ irrigem Handeln die richtigen Schlüsse gezogen.

Ein bisschen Theorie über den Irrtum

„Noch im Irrtum auf dem krummen Weg zur Wahrheit wandeln“ – so hatten wir Einsteins Verwendung des Machschen Prinzips umschrieben.

Wissenschaftstheoretiker nennen einen solchen vorübergehenden Irrweg ein „heuristisches“ Verfahren. Heuristik heißt so viel wie: Forschen mit vorläufigen Annahmen, die sich jederzeit als falsch erweisen können. Man wendet solche Verfahren an, wenn ein exakteres Arbeiten (noch) nicht möglich ist.

Wie eine Kugel fällt, kann man sehr genau messen und infolgedessen auch vorausberechnen; wie sich Menschen in einer Wirtschaftskrise verhalten, jedoch nicht. Dennoch müssen Politiker und Wirtschaftsbosse gerade auch in der Krise Entscheidungen treffen. Sie haben nun die Wahl, einfach aus dem Bauch heraus zu handeln oder sogenannte Wirtschaftsweise zu fragen. Was diese (vermeintlichen oder tatsächlichen) Experten praktizieren, ist Heuristik, denn auch sie können den Leuten nicht nach Belieben in die Köpfe schauen und verstehen oder gar prognostizieren, was in ihnen vor sich geht.

Die Heuristik ist sozusagen das Bauchgefühl des Forschers. Ein schönes Beispiel ist Kopernikus’ Annahme von den idealen Kreisbewegungen der Planeten, die sich später als falsch herausstellte, ihm jedoch den richtigen Weg wies: Der Irrtum hatte seien heuristischen Wert gehabt. Gleiches gilt für Einsteins Verwendung des Machschen Prinzips.

Die Anwendung heuristischer Verfahren ist indessen nicht auf im engeren Sinn wissenschaftlich Tätige beschränkt. Jeder Kleinanleger an der Börse ist quasi dazu verurteilt, so zu urteilen und entsprechend zu handeln. Denn die (einigermaßen) objektiven, zugänglichen Informationen wie Kurs-Gewinn-Verhältnis usw. sind im Allgemeinen schon in den Kursen eingepreist. Journalisten können nicht exakt errechnen, welche Story die Leser interessieren wird, Musikverlage können keine Hits im Vorhinein austesten (es ist, freilich erfolglos, versucht worden).

Die Algorithmen, mit denen die Riesen der New Economy aus sozialen Netzwerken im Internet potenzielle Käufer ausfindig machen, scheinen oberflächlich betrachtet „exakt" zu sein, doch auch sie bedienen sich heuristischer Verfahren – und können irren. Sie sollen sogar irren, denn aus einem stetig fortschreitenden Prozess von Versuch und Irrtum werden die Algorithmen stetig verfeinert. Im Grunde versucht im Netz eine Armada von elektronischen Regenwürmern permanent, die richtigen Verzweigungen zu finden.

Schlamperei rettet Millionen das Leben

Leider nicht immer! Meistens ist es umgekehrt. Schlamperei kann Leben kosten: Eine vergessene Bremskralle kann einen Zug zum Entgleisen bringen, ein schlecht gewartetes Flugzeug stürzt im Gewitter ab, und Hygienefehler im Krankenhaus führen immer wieder zu lebensgefährlichen oder tödlichen Infektionen. Doch wenigstens einmal war es anders: Eine gewisse Schludrigkeit sorgte dafür, dass Infektionen millionenfach geheilt werden konnten. Es kommt eben darauf an, um welche Schlamperei es sich handelt – und wer sie begeht.

Wissenschaftler sind häufig Perfektionisten. Gerade in der Biologie und Medizin kommt es auf exaktes und sauberes Arbeiten im Labor an. Akribisch wird überprüft, dass Proben nicht kontaminiert werden, sonst ist die Versuchsanordnung ruiniert. Geht doch einmal etwas schief, wird das eher vertuscht als an die große Glocke gehängt. Doch in der Geschichte der Medizin gibt es wenigstens eine große Ausnahme.

Zurzeit des Endes des Zweiten Weltkriegs erhielt das US-amerikanische Pharmaunternehmen Pfizer Besuch von einem berühmten britischen Forscher. Pfizer, heute vor allem bekannt als der Konzern, der Viagra auf den Markt brachte, war schon zu jener

Zeit ein großes, finanzstarkes Unternehmen. Man zeigte dem Gast aus Europa die moderne, bestens ausgestattete Produktionsanlage in Brooklyn. Ein Journalist wollte wissen, was der Brite von den Laboratorien hielt. Die Amerikaner erwarteten wohl zu hören, welche wundervolle Arbeit der große Forscher mit den wertvollen Einrichtungen, die ganz *state-of-the-art* waren, leisten könne – gerade im Vergleich zu den sehr bescheidenen Mitteln, die ihm Jahre zuvor, bei seinen bedeutendsten Arbeiten, zur Verfügung standen. Doch Alexander Fleming antwortete: „Hier hätte ich nie das Penicillin entdecken können. Alles ist viel zu sauber und aufgeräumt."

Im Jahr 1928 arbeitete der Schotte Fleming, ein kleiner, eher wortkarger Mann, als Professor für Bakteriologie an der St Mary's Hospital Medical School, einem Teil der University of London. Das Krankenhaus war alt, sein Labor entsprechend klein, vollgestopft, muffig und staubig. Am Montagmorgen, dem 3. September, kehrte der 47-Jährige gerade aus dem Urlaub zurück, den er mit seiner Frau und seinem vierjährigen Sohn auf dem Landsitz der Familie in Suffolk verbracht hatte.

Auf dem Labortisch fand er einige nicht mehr benutzte Petrischalen vor, die das Bakterium *Staphylococcus aureus* auf einem Nährfilm aus Agar-Agar enthielten. *Staphylococcus aureus* ist ein in der Natur sehr verbreiteter Mikroorganismus. Er besiedelt auch den menschlichen Körper und wird im Allgemeinen von unserer

Immunabwehr in Schach gehalten. Ist diese jedoch geschwächt, kann *Staphylococcus aureus* diverse Krankheiten verursachen, vom lästigen Furunkel über Muskelerkrankungen bis hin zur lebensgefährlichen Lungenentzündung.

Fleming hatte die Arbeit mit diesen Bakterienkulturen vor seinem Urlaub beendet. Weitere Verwendung für sie hatte er nicht, eigentlich hätte er die Schalen vor der Abreise mit einem Desinfektionsmittel reinigen können. Viele andere Bakteriologen hätten das getan. Fleming hatte jedoch eine andere Einstellung. Er hatte die etwas schlampige Gewohnheit, die alten Petrischalen wochenlang stehen zu lassen, bis die Arbeitsfläche mit ihnen überfüllt war. Anschließend warf er noch mal einen kurzen Blick auf sie, einfach so, um zu sehen, ob noch irgendetwas passiert war. Fleming zog sogar seine ordentlicheren Kollegen mit dem Vorwurf übertriebener Sauberkeit auf, weil sie ihre Schalen und Röhrchen möglichst täglich reinigten. Er selbst ließ sogar benutzte Aschenbecher, schmutzige Stöpsel und anderen Kram lange liegen; kurz, er war ein Messie in milder Ausprägung.

Als ein Besucher, sein ehemaliger Mitarbeiter Merlin Pryce, zur Tür hereinkam, betrachtete er die alten Kulturen gerade mit einem gewöhnlichen Vergrößerungsglas in der Hand, einem Klischeeforschergerät wie das von Sherlock Humbug aus der Sesamstraße. Fleming setzte seine Untersuchungen mit halbierter Aufmerksamkeit fort, während er sich mit dem jungen Kollegen unterhielt. Genau genommen, war er schon dabei, den alten Krempel endgültig beiseite zu räumen, um sich ganz dem Besucher widmen zu können, doch Pryce meinte, er solle ruhig weitermachen. Plötzlich hielt Fleming inne. *„That's funny"*, „das ist ja komisch", meinte er, und reichte Pryce das Schälchen.

Normalerweise hätten die Staphylokokken den gesamten Nährboden bedecken müssen. Das Schälchen war jedoch von Schimmel befallen. Das allein wäre nichts wirklich Erstaunliches gewesen, es kann in Laboren, die nicht besondere Maßnahmen zur Keimfreiheit ergreifen, schon passieren. Und Flemings Butze war ja nicht sonderlich penibel gepflegt worden. So gesehen, wäre es das Normalste auf der Welt gewesen, das verschimmelte Schälchen wegzuwerfen wie ein verdorbenes Marmeladenglas.

Doch die Genauigkeit, die Fleming beim Laborputzen fehlte, hatte er in entsprechend größerem Maße beim wissenschaftlichen Beobachten und Schlussfolgern.

Fleming war außer dem Schimmel noch etwas anderes aufgefallen: In der nahen Umgebung des Pilzgeflechts gediehen keine Staphylokokken. Etwas schien sie vom Wachsen abzuhalten oder sogar abzutöten. Der Pilz produzierte offenbar eine Substanz, die Bakterien bekämpfte. Fleming nannte sie zunächst ganz salopp „Schimmelsaft (*mould juice*)".

Pryce sagte später, er habe gedacht, dass der Pilz irgendwelche Säuren produziert habe, die das Bakterienwachstum störten. Das wäre nicht Besonderes gewesen, denn Säuren gibt es in der Natur in Hülle und Fülle; manche desinfizieren auch, aber sie eignen sich normalerweise nicht zur Bakterienbekämpfung im kranken Körper, weil sie das zu schützende Gewebe ebenso angreifen würden wie den Krankheitserreger.

Doch Fleming hatte eine seiner früheren Forschungsgegenstände im Hinterkopf: das Lysozym, ein im Körper von Tieren und Menschen vorkommendes Enzym mit antibakteriellen Eigenschaften.

Die Keime bekämpfende Wirkung von Hühnereiklar, die auf das darin enthaltene Lysozym zurückzuführen ist, wurde schon vor dem Ersten Weltkrieg festgestellt. Der Begriff jedoch stammt von Fleming. Er hatte die antibakterielle Wirkung von Lysozym im Nasenschleim entdeckt. Auch diese Erkenntnis ging auf eine eher zufällige Beobachtung in einer Petrischale zurück. Später wies er die Wirkung des Enzyms auch bei weiteren humanen Sekreten und Geweben nach.

Nun also dieser Schimmel, dieses unappetitliche Gewächs aus Verfall und Verdorbenheit. Es produzierte eine Substanz, die Bakterien bekämpfte oder zumindest am Wachsen hinderte. Fleming legte unverzüglich eine Subkultur an. Die Originalschale behielt er, noch konsequenter als sonst seinen Gewohnheiten folgend, über Jahre hinweg, konserviert durch Formalin. Heute gehört sie zu den Schätzen der Britischen Nationalbibliothek.

Auch seinen Kollegen zeigte er unverzüglich und voller Stolz das unscheinbare Schälchen. Man war, nun, höflich interessiert. Wieder eine dieser Vorführungen aus dem Fleming'schen Kuriositätenkabinett. Als bedeutend hatte sich seit der schon Jahre zurückliegenden Lysozym-Arbeit keine mehr erwiesen. Die Wissenschaftler vergaßen das Schimmelschälchen, mit Ausnahme Flemings. Erst viele Jahre später sollten sie sich an jenen vermeintlich gewöhnlichen Arbeitstag erinnern.

Es dauerte, bis sich die von Fleming entdeckte Substanz, inzwischen umbenannt in Penicillin, als durchschlagendes Mittel gegen zahllose Entzündungen erwies: etwa dreizehn Jahre.

Fleming selbst isolierte den Wirkstoff aus dem Pilz und beschrieb ihn für die fachkundige Öffentlichkeit im British Journal of Experimental Pathology. Er untersuchte die Wirkung des Penicillins auf unterschiedliche Bakterienarten; so stellte er fest, dass Penicillin neben Staphylokokken auch Streptokokken und Pneumokokken bekämpfte, nicht aber Salmonellen. Wichtiger war: Auch gegenüber weißen Blutkörperchen und menschlichen Zellen zeigte es sich als ungiftig. Doch Fleming, der Laborfreak, der Beinahe-Messie, entwickelte aus seiner Entdeckung kein markttaugliches Medikament. Die Pharmaindustrie reagierte ebenfalls nicht auf die ersten Veröffentlichungen.

Erst knapp zehn Jahre später machten sich der Australier Howard Florey und der vor den Nazis aus Deutschland geflohene Ernst Chain daran, Flemings Penicillin auf seine therapeutische Wirkung zu untersuchen. 1941 unternahmen Florey und Chain den ersten klinischen Test. Die Herstellung von Penicillin war noch so aufwendig, dass sie den vom Körper ausgeschiedenen Anteil sogar aus dem Urin der behandelten Personen zurückgewannen.

Unterdessen war der Zweite Weltkrieg ausgebrochen. Die Antibiotika-Forschung in den USA wurde stärker, und das neue Medikament konnte in größeren Mengen produziert werden. Das Penicillin rettete das Leben Tausender verwundeter Soldaten, die sonst an infizierten Wunden gestorben wären. Das Medikament war den antibiotischen Mitteln, die deutsche Forscher entwickelt hatten, überlegen. In Nazi-Deutschland wurde das lange nicht erkannt. Somit war Penicillin im Krieg nicht nur ein Lebensretter, sondern ein versteckter militärischer Faktor.

Das erste hochwirksame Antibiotikum wurde auch Teil der alliierten Kriegspropaganda. Auf einem Plakat an der Baustelle einer medizinischen Fabrik hieß es: „Ein Wettrennen gegen den Tod! Je *schneller* dieses Gebäude fertig wird, desto eher bekommen unsere verwundeten Männer Penicillin – das neue lebensrettende Medikament.“

Woher der Schimmel kann, der die Petrischalenkultur in Flemings Labor befallen hatte, ließ sich nicht klären. Man nimmt im Allgemeinen an, die Sporen seien durchs Fenster geflogen – was einen dem Krankenhaus gegenüberliegenden Pub zu der wohl am besten mit britischem Humor erklärbaren „Werbung" veranlasste, der Schimmel stamme aus seinen Gasträumen …

Die Rolle des Zufalls bei der Entdeckung des Penicillins brachte manche Leute zu der Annahme, der spätere Nobelpreisträger Fleming habe doch im Grunde lediglich Glück gehabt, sei zur rechten Zeit am rechten Ort gewesen. Der so gescholtene Forscher antwortete:

Meine Rolle in der Geschichte war, dass ich etwas Ungewöhnliches sah und in gewisser Weise dessen Wichtigkeit erkannte, sodass ich mich an die Arbeit machte. Ich bin sicher, dass andere Bakteriologen dasselbe Phänomen zufällig zu Gesicht bekamen, aber sie interessierten sich nicht dafür und so wurde die Gelegenheit verpasst. Außerdem: Wenn ich geistig mit etwas anderem beschäftigt gewesen wäre, hätte ich es nicht gemerkt; ich hätte schlecht gelaunt sein können; mein Chef hätte darauf bestehen können, dass es der Mühe nicht wert sei, diesem seltsamen Pfad zu folgen. Dann hätte ich die Kultur vielleicht weggeworfen und nicht mehr daran gedacht.

Medizinhistorische Untersuchungen geben Fleming in Teilen Recht. Einerseits fand man heraus, dass Schimmelpilze in Einzelfällen schon im späten 19. Jahrhundert zur Bakterienbekämpfung eingesetzt worden waren; auch hier dürften Mängel in der (noch nicht ausgereiften) Hygiene bei der Entdeckung Pate gestanden haben. Doch diese Versuche waren grob und fanden in der wissenschaftlichen Welt keine Resonanz, vielleicht gerade auch, weil sie rückwärtsgewandt erschienen: Gerade hatte man die immense Bedeutung der Hygiene erkannt, da passten mit Schimmel kontaminierte Lappen auf Wunden nicht ins Bild fortschrittlicher Medizin. Der Brite Joseph Lister, führender Antiseptiker seiner Zeit, experimentierte mit Schimmel, veröffentlichte die Ergebnisse jedoch nicht.

Erst der etwas spleenige Fleming stieß die Tür zur Entwicklung moderner Antibiotika auf, auch wenn es andere waren, die für den klinischen Einsatz sorgten. Klar ist jedenfalls, dass bei völliger Sterilität im Labor der Schimmel die Kultur nicht hätte befallen können. Bei Flemings Bemerkung im Pfizer-Labor mag ein wenig Koketterie mit der Rolle des schlampigen Genies mitgeschwungen haben, doch ihr Hintergrund ist sehr real.

Nach dem Zweiten Weltkrieg erlangte das Penicillin weltweit den Ruf eines Wundermittels, mit größerem Recht als die meisten anderen. Durch Zufall, ja durch eine gewisse Schlampigkeit mag es entdeckt worden sein, nun ging man systematisch vor – manchmal allzu systematisch.

Von 1946 bis 1948 führten US-Forscher in Guatemala eine heute berüchtigte Studie durch: Sie infizierten bewusst – unter Einsatz von Prostituierten – Gefängnisinsassen, Psychiatriepatienten und guatemaltekische Soldaten mit Syphilis und anderen sexuell übertragbaren Krankheiten. Ihr Ziel: Sie wollten die Wirksamkeit des Penicillins bei solchen Erkrankungen testen. Später injizierten sie Syphiliserreger direkt in die Körper der menschlichen Versuchskaninchen, sogar Waisenkinder waren darunter. Die Guatemala-Studie war von öffentlichen Gesundheitseinrichtungen in den USA mitfinanziert worden. (In den Vereinigten Staaten selbst hatten die Forscher keine Genehmigung erhalten.)

Erst Jahrzehnte später wurden die Machenschaften aufgedeckt. Anschließend stellte eine Untersuchungskommission fest, dass bei den grausamen Versuchen Dutzende Menschen gestorben waren. Nicht endgültig geklärt werden konnte, ob die Experimente die direkte Todesursache darstellten.

Im Jahr 2010 entschuldigten sich die USA für das Vorgehen. „Klar unethisch“ sei man damals vorgegangen, bekannte US-Außenministerin Hillary Clinton in einer Stellungnahme.

Welten liegen zwischen der zynischen Systematik dieser inhumanen „Studie“ und der kleinen menschlichen Schwäche des introvertierten Alexander Fleming, die sich in Verbindung mit seinem echten Forschergeist als Stärke erwiesen hatte.

Können falsche Prophezeiungen nützlich sein?

„Erst stirbt der Wald, dann stirbt der Mensch.“ So lautete der Text eines in den 1980er Jahren beliebten Aufklebers. Er zierte nicht selten Autos, die aufgrund ihrer Abgaswerte schon damals als umweltfeindlich verschrien waren. Das Magazin *stern* veröffentlichte eine Bilderserie: Auf der einen Seite fanden sich beliebte deutsche Postkartenansichten, etwa von Heidelberg mit seinem üppig bewaldeten Hausberg, dem Königstuhl. Daneben präsentierte man von Grafikern gestaltete „Zukunftsszenarios“ nach dem prophezeiten Ende der deutschen Wälder. Natürlich bot sich dem Betrachter jeweils ein Bild des Grauens: überall gespenstische Baumstümpfe und Verwüstungen. (Dass beispielsweise der Königstuhl schon in früheren Jahrhunderten zeitweise fast baumlos war, weil er beweidet wurde, wussten nur die wenigsten Leser.)

Als zwei Jahrzehnte später die Schreckensszenarien offenbar nicht eingetreten waren, mehrten sich kritische Stimmen. Von einem „Ökomärchen aus den 80er Jahren“ war nun die Rede, das vor allem etliche Zeitungsseiten (hergestellt aus gefällten Bäumen) gefüllt habe. Und auch die neue Partei der Grünen habe von der angeblichen Waldsterbenshysterie profitiert. Wer hat nun recht? Die Warner oder die Beschwichtiger?

Welchen Ausmaß das „Waldsterben“ wirklich hatte oder hat und ob man überhaupt von einem einheitlichen Phänomen sprechen kann, ist bis heute umstritten, auch unter Fachleuten. Klar ist lediglich, dass die Extremszenarien nicht eingetreten sind. Lebt der Wald einzig deshalb noch, weil auf die Warner gehört wurde, weil Katalysatoren in die Autos und Entschwefelungsanlagen in die Kraftwerke eingebaut wurden? Oder wurden lokale Ereignisse – einige kahle Flächen wegen der Abgase nahe gelegener Dreckschleudern – mit natürlichen Phänomenen wie Borkenkäfer- und Mottenbefall vermischt und zu einem apokalyptischen Szenario verdichtet?

Im Zusammenhang mit der Suche nach nützlichen Irrtümern müssen wir diese Fragen nicht unbedingt im Detail klären. Es geht lediglich um ein Problem: Können falsche Voraussagen nützlich sein? Damit ist nicht der Trivialfall des Betrügers gemeint. Der falsche Prophet macht den Leuten Angst, weil er an ihren Geldbeutel will. Ein Beispiel wäre ein selbsternannter Crash-Prophet an der Börse, der versucht, mit vorgespiegeltem Insiderwissen über angeblich bevorstehende schlechte Unternehmensnachrichten Massenverkäufe auszulösen. Vorher hat er Optionsscheine gekauft, die ihm genau in diesem Fall Gewinne sichern. Zwar erholen sich die Kurse schnell wieder, weil die Unternehmen die falschen Nachrichten glaubwürdig dementieren. Doch der Betrüger hat sich mit seinen

Gewinnen schon abgesetzt, wenn ihm nicht die Börsenaufsicht auf die Schliche gekommen ist.

Interessanter sind die Fälle, in denen derjenige, der die falsche Prognose stellt, an ihre Richtigkeit glaubt. Er ist also kein Betrüger, sondern ein Irrender.

Nehmen wir das Beispiel Waldsterben. Wenn es so gewesen sein sollte, dass die scharfen Warnungen Schlimmeres verhütet haben, wären die negativen Prognosen nicht eigentlich falsch. Es wären vielmehr sich selbst widerlegende Prophezeiungen.

Ähnliches lässt sich von Warnern sagen, die den Untergang der Demokratie voraussagen, etwa durch einen entfesselten Kapitalismus oder die Konzentration von Medienmacht in den Händen einzelner Großverleger. Auch das können sich selbst widerlegende Prophezeiungen sein, nämlich wenn die Politik und das Volk reagieren, zum Beispiel durch schärfere Gesetze oder den Konsum unabhängiger Medien.

In diesen Fällen wäre es so, dass der Prognosensteller gerade deshalb im Ergebnis irrt, weil er im Ansatz Recht hat. Es handelt sich also um die genaue Umkehrung des nützlichen Irrtums: Der nützlich Irrende liegt im Gegenteil im Ansatz falsch, behält aber im Ergebnis in gewisser Weise Recht, bloß auf einer anderen Ebene. Ein Beispiel ist der Seefahrer Kolumbus, der die West-Ost-Distanz schlechter berechnet als die portugiesischen Hofastronomen, aber gerade deshalb (unbemerkt) einen neuen Kontinent entdeckt. Alle bisher genannten Fälle folgen in unterschiedlicher Weise diesem Muster.

Kann das auch für die Wald- und Demokratie-Apokalyptiker gelten? Unter Umständen schon. Im Fall des Waldsterbens wäre es folgendes angenommenes Szenario:

- Das Waldsterben gab es nicht, hätte es auch nicht – jedenfalls nicht im prognostizierten Ausmaß – gegeben, wenn nicht so viel entschwefelt worden wäre. Aber:

- Die Diskussion um das vermeintliche Waldsterben hat das Umweltbewusstsein in der Bevölkerung massiv erhöht. Die Menschen verhalten sich daher umweltfreundlicher, kaufen sparsamere Autos, die weniger Abgase produzieren, oder satteln gleich aufs Fahrrad um. Das rettet zwar nicht die gar nicht so bedrohten Wälder, sorgt aber für eine bessere Luft in den Städten: mit weniger Feinstaub und entsprechend weniger Lungenkrebserkrankungen. Und weil die Leute sich an bessere Luft gewöhnen, tolerieren sie es auch nicht mehr, als Passivraucher in Mitleidenschaft gezogen zu werden. Das führt zu schärferen Gesetzen, die wiederum Raucher dazu bringt, von ihrer Sucht herunterzukommen. Am Ende geht es allen besser. Der Grund: unter anderem der Waldsterben-Irrtum, der sich somit als nützlich erwiesen hat. – So das Szenario.

Ähnlich verhielte es sich mit dem vermeintlichen Untergang der Demokratie. Das entsprechende Szenario:

Die düsteren Prognosen sind völlig aus der Luft gegriffen, der „Kapitalismus" will die Demokratie gar nicht zerstören, weil es sich in ihr gute Geschäfte machen lässt. Und der so gefährlich mächtige Medienverleger strauchelt am Ende über das Internet oder ein anderes neues Medium.

Dennoch wäre auch diese falsche Prognose nützlich, wenn sie die Leute dazu anregt, ihre Demokratie intensiver als etwas nicht Selbstverständliches wertzuschätzen und sich stärker in die eigenen Angelegenheiten einzumischen.

Ob die beiden zuletzt genannten Szenarien der Realität entsprechen oder das Gegenteil zutrifft, lässt sich natürlich nicht mit Sicherheit sagen: Man kann ja nicht wissen, wie die Geschichte verlaufen wäre, wenn die Prognosen nicht oder anders gestellt worden wären. Die Szenarien sind im Übrigen zu Demonstrationszwecken bewusst übertrieben; dass die Waldsterben-Panik indirekt zu Rauchverboten in Restaurants geführt haben soll, ist natürlich arg weit hergeholt. Es gibt Länder, in denen „Waldsterben" allenfalls als Fremdwort (für eine romantische Schrulle der Deutschen) bekannt wurde und die beim Nichtraucherschutz schneller waren als Deutschland.

Dennoch sind solche und ähnliche Szenarien prinzipiell möglich, und es dürfte sie im Verlauf der Menschheitsgeschichte mehr als einmal gegeben haben, auch wenn, wie gesagt, der Nachweis kaum möglich ist.

Andererseits kann es auch zum umgekehrten Effekt kommen: nämlich dann, wenn irrige Prognosen dazu führen, dass anschließend realistischeren Vorhersagen aus der gleichen Ecke nicht die gebührende Beachtung geschenkt wird.

Ein Beispiel: Ein Klimaforscher prophezeit das Abschmelzen diverser Gletscher bis zu Jahr X. Sollten die Eismassen im genannten Jahr dann jedoch noch bestehen oder machen sie in der Zeit davor keine Anstalten, sich aufzulösen, sehen Klimaskeptiker das nur zu gern als Beweis dafür, dass der Klimawandel nur eine Hysterie sei. Setzen diese sich in der Folge in der Weltpolitik durch, bleiben schlimmstenfalls Klimaschutzmaßnahmen aus, die ohne irrige Zwischenprognosen durchsetzbar gewesen wären. Man erweist noch der besten Sache einen Bärendienst, wenn man durch vorschnelle oder überzogene Vorhersagen die eigene Glaubwürdigkeit aufs Spiel setzt.

Denn auch wenn wir uns über nützliche Irrtümer freuen mögen: Ihr Anteil ist im Verhältnis zu den unnützen oder schädlichen Irrtümern leider überschaubar. Umso bedeutender sind die echten nützlichen Missverständnisse.

Schluss

Hinterher ist man immer schlauer. Das gilt sowohl für den gewöhnlichen, unproduktiven Irrtum als auch für höhere, wertvolle Irrtümer, wie wir sie in diesem Buch, insbesondere bei Geistesgrößen wie Kopernikus und Einstein, betrachtet haben.

Es gibt Irrtümer, die noch von den Irrenden selbst als solche erkannt werden, und Irrtümer, die sich über Jahrhunderte halten. Eines aber dürfte sicher sein: Zu allen Zeiten wurde geirrt, Weise irrten ebenso wie Narren, und nicht immer ist klar, wer Weiser und wer Narr war.

Bei Shakespeare heißt es einmal zum Lob eines hintergründig-lebensklugen Hofnarren:

Denn Torheit, weislich angewandt, wird Witz.
Doch wozu ist der Weisen Torheit nütz?

(Was ihr wollt)

Einige mögliche Antworten auf diese (eigentlich rhetorisch gemeinte) Frage haben wir kennengelernt. Es waren kleine und große Torheiten von echten Toren, aber auch von Weisen. Sie nutzten im besten Fall der gesamten Menschheit, andere Irrtümer und Fehler halfen nur bestimmten Gruppen, während andere darunter litten und schlimmstenfalls starben. Doch aus den glücklichen, den traurigen und den gemischten Beispielen ergibt sich ein Mosaik menschlicher Stärken und Schwächen, vor allem aber die Erkenntnis, dass sich in vielen Fällen nicht mit Bestimmtheit sagen lässt, was genau nun die Stärken und was die Schwächen waren.

Welche heutigen Irrtümer von kommenden Generationen als solche enttarnt werden, können wir naturgemäß nicht wissen. Wir sollten uns lediglich darüber im Klaren sein, dass es sehr wahrscheinlich etliche sind, und hoffen, dass man dereinst sagen wird: Sie irrten in vielem, aber es waren auch nützliche Irrtümer darunter. Wenn Menschen eines Tages sehr viel älter werden können als wir heutzutage, so wie auch wir eine weit höhere Lebenserwartung haben als die Jäger und Sammler der Frühzeit, kann das durchaus auch die Folge produktiver Fehler sein.

Literatur

Bitterli, Urs: Die Entdeckung Amerikas. Von Kolumbus bis Alexander von Humboldt. München 1999

Bloom, Harold: A Map of Misreading. 2nd edition, Oxford 2003

Brown, Kevin: Penicillin Man. Alexander Fleming and the Antibiotic Revolution. Stroud (Gloucestershire) 2004

Büchner, Georg: Werke und Briefe. München 1980

Cobet, Justus: Heinrich Schliemann. Archäologe und Abenteurer. 2., aktualisierte Auflage, München 2007

Darwin, Charles: The formation of vegetable mould through the action of worms, London 1881

Hawking, Stephen: Die Klassiker der Physik. Dt. Ausgabe, Köln 2004

Heine, Heinrich: Die Romantische Schule. Hamburg 1836

McWilliams, Mark: The Story behind the Dish. Classic American Foods. Santa Barbara 2012

Mittelstraß, Jürgen: „Vom Nutzen des Irrtums in der Wissenschaft“, in: Naturwissenschaften, ISSN 1432-1904, Vol. 84 (1997), S. 291-299

Hagen, Victor von: Auf der Suche nach dem Goldenen Mann. Die Geschichte von El Dorado. Reinbek 1979

Rudolf Virchow: Vorrede. In: Heinrich Schliemann: Ilios, Stadt und Land der Trojaner, Leipzig 1881, S. IX–X

Voigt, Paul: Der Blaue Reiter. Ostfildern 1999

28710380R00060

Printed in Poland
by Amazon Fulfillment
Poland Sp. z o.o., Wrocław